发型设计一本就够

摩天文传 著

人民邮电出版社

北 京

图书在版编目（CIP）数据

发型设计一本就够 / 摩天文传著. -- 北京 ：人民
邮电出版社，2020.8
ISBN 978-7-115-53947-2

Ⅰ．①发… Ⅱ．①摩… Ⅲ．①发型－设计 Ⅳ.
①TS974.21

中国版本图书馆CIP数据核字(2020)第073610号

内 容 提 要

　　这是一本全方位讲解发型设计与制作的书。全书共分为 7 章，内容全面而系统，每一个发型案例均通过高清步骤图片配合详细的文字描述来讲解。书中的发型案例适用面广，能应对不同的场合，搭配不同风格的服饰。通过学习本书，读者能快速掌握每一款发型的操作技巧和设计风格，为日后进行发型设计打下坚实的基础。同时，本书还可以激发读者的创作灵感，使读者完成更具个人风格的发型设计。

　　本书可为爱美的女性自己做发型提供参考，还适合各层次的发型师及相关培训机构的学员学习参考。

◆ 著　　　　　摩天文传
　　责任编辑　　张玉兰
　　责任印制　　马振武

◆ 人民邮电出版社出版发行　　北京市丰台区成寿寺路 11 号
　　邮编　100164　　电子邮件　315@ptpress.com.cn
　　网址　https://www.ptpress.com.cn
　　北京盛通印刷股份有限公司印刷

◆ 开本：700×1000　1/16
　　印张：19.75
　　字数：623 千字　　　　　　　　　2020 年 8 月第 1 版
　　印数：1 - 2 300 册　　　　　　　2020 年 8 月北京第 1 次印刷

定价：118.00 元

读者服务热线：(010)81055410　印装质量热线：(010)81055316
反盗版热线：(010)81055315
广告经营许可证：京东市监广登字 20170147 号

前言

从入门到精通的时尚发型全攻略

发型设计是一个综合的艺术门类。本书从发型设计基础入手，全面地介绍了发型设计的必备工具、基础手法、适配脸形、假发片应用、场合攻略，从具体的日常发型、摄影发型、新娘发型等方面加以讲解。全面的发型知识、详细的技法讲解，配合精美细致的图片，让读者能快速入门并提高相关技能。

近 200 款发型设计案例的实操详解

本书精选近 200 款时尚发型，对每款发型都进行了详细讲解。每一款发型案例均以高清步骤图片配合详细文字描述，进行最直观的讲解。

适用面广的发型

本书中的发型案例适用面广，书中涉及的发型可分为日常发型、特定场合发型、摄影发型、新娘发型等类型，可使读者轻松应对不同的场景，打造不同风格的造型。本书可以满足各层次的发型师及相关培训机构的学员的学习需求。

客户群体的不同决定发型风格的差异

为不同的客人进行发型设计不能使用一套标准，需求与满足就是客人和发型师的关系。跟风并不是流行，也难以取得客人的认可，要想做出合适的发型，就要先确定客人的需求。本书总结了修饰各种脸形的发型，能给发型师提供丰富的灵感。

专业时尚团队编辑制作

本书由时尚研究机构摩天文传策划并制作。摩天文传在美容时尚生活领域有极其深入的研究和丰富的积累，其旗下拥有多位资深时尚编辑、专业彩妆师、设计师、摄影师、模特，并特邀了国内知名彩妆造型师来编写本书。此外，摩天文传还拥有独立摄影棚及全套灯光设备。

CONTENTS

 目录

Chapter 1

发型设计必备工具及操作技巧

Chapter 2

必学的发型基础手法

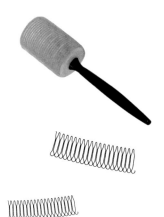

Chapter 4
必备神器——假发片

Chapter 3
通过发型修饰脸形及头颈

Chapter 5
场合进阶的发型攻略

Chapter 6
摄影时尚造型

Chapter 7
完美新娘从发型开始

Chapter 1

发型设计必备
工具及操作技巧

　　徒手造型难以呈现纷繁花样，发型设计离不开造型工具。在这个讲究效率的时代，充分了解并快速选择相应的工具将让发型设计变得省时省力。熟练掌握常用造型工具的基本操作手法是每一位发型师必备的专业素养。

发型基础知识

随着客人审美水平的提高，发型师的压力越来越大，很多发型师常常会出现思维闭塞的情况，对于发型设计缺乏"灵感"。发型师要先学习发型基础美感知识，只有把基础打好，才能更好地进行设计。

美感标准

基础美感是以黄金分割的比例关系作为基础的，通过这种比例关系对人的头形进行标准评判。为了便于理解，我们将脸长用"三庭"、脸宽用"五眼"来说明。人的面部正面纵向分为上庭、中庭、下庭。上庭是额头发际线至眉毛的位置，中庭是眉毛至鼻尖的位置，下庭是鼻尖至下颌的位置。三庭高度相等，就是标准的比例。人的面部正面横向以一只眼睛的长度为单位进行划分。两眼之间的距离刚好等于一只眼睛的长度，外眼角至鬓侧发际线的距离也刚好等于一只眼睛的长度，就符合标准比例。

根据头形设计发型

头发是头形的修饰物，头发造型技术可以将不标准的头形调整成标准的头形。发型师需要学会在发型设计中运用黄金分割法则。

如果客人的头形太圆，就需要把头顶设计得高一些，让它接近一个椭圆形，这样可以起到拉长脸形的作用。从发根开始把头顶里层的头发以卷烫、打毛、吹风及喷定型喷雾等方法对顶部做蓬松处理，以增强顶部的立体感。

根据发长设计发型

发长设定会直接影响视觉效果。短发设计要注重对头形的调整，这就需要设定出内轮廓和外轮廓的比例，通常头部要表现出立体感和饱满度。设计中长发时，要以修饰脸形、五官为主，不同区域发长落点会使脸形趋向标准美感。发长设定需参照五官，发长对修饰脸形、颧骨、下颌骨、颈部等起到重要作用，可扬长避短。长发讲究外轮廓美感，发长应与身材相协调。通常身材矮小者宜留短发或中长发，显得身材高挑、挺拔；身材高大者宜留中长发或长发，与身材比例相协调。

发型设计的创新

发型具有多变性、创造性及随意性，因此对黄金分割比例标准的运用不可绝对化。发型需结合客人的头部骨骼形态、脸形、身材、气质等进行设计，从而突出客人的个性美。发型设计不要一味地套用模式，一定要明白设计的逻辑，根据不同人物的形体特征为其量身定制。作为专业发型师，不仅要掌握基本的发型设计手法，还要不断提高自己的审美水平。

设计刘海儿

刘海儿设计在发型创作中起着画龙点睛的作用，刘海儿可以赋予发型生命力与时尚感。刘海儿区域占顶区的 1/3，能有效控制脸形的宽窄，此区域对调整脸形起着决定性的作用。

正三角脸形特别适合弧度齐刘海儿，刘海儿与长发自然衔接，立体的刘海儿使脸部轮廓也同样变得立体起来。不规则的短刘海儿宜修剪至层次分明，下层的刘海儿稍稍高于眉毛，露出一点额头，把脸形拉得更长，适合圆脸形的人。微卷的中分刘海儿适合方脸形的人，中分刘海儿长至腮骨的位置，修饰了较突出的两腮，能轻易地从视觉上改变脸形，微卷的发丝更能柔化脸部线条。

改善发际线

发际线即头发的边际线，其形态、高低影响着五官的比例，形状上以圆润自然为美。发际线过高或过低都会直接影响脸部的轮廓美感。如果发际线比较高，就会显得额头比较大，脸自然就会显得很大。前额或鬓角发际边缘有过多的毛发，会使人感觉发际线过低、前额过窄、发型不整洁，进而影响脸部整体效果，让整个脸部显得不均衡。

在头发造型过程中，可以通过打造刘海儿来重点修饰额头、拉扯出小碎发，实现发际线的矫正；还可以通过造型产品（如发用粉饼等）掩盖发际线周围稀疏或缺失的位置，使额头看起来更饱满。

打造发型层次

所谓层次，通俗地讲就是头发的发尾不是齐的，而是分为很多层。通过层次感的打造，平常的发型也会令人产生新的视觉感受。发型层次感是发型设计时尚感的重要体现。

具有层次感的发型对脸形的修饰效果也是非常明显的。例如，较宽的脸颊需要通过发型进行修饰。可以将前额刘海儿打造成略带弧度的蓬松刘海儿，两颊的发梢由下至上向内卷，烫出层次感，以遮住较宽的腮部，然后利用发蜡等产品抚平碎发，打造出层次感丰富的发型，同时使脸形显窄。

9 种打理头发基础造型的工具

　　头发基础造型的打理同样不容忽视，打理头发基础造型的工具是每一位发型师必备的。发型师选用好的造型工具，配合正确的工具使用方法，可以大大提高发型设计的效率。

防毛糙顺发梳

长头发特别难打理。防毛糙顺发梳专门用来处理容易打结的头发，还可有效防止头发产生静电，让打理长发变得轻松。

负离子吹风机

负离子吹风机兼具负离子养护功能，能保持头发的湿润和光泽，在吹风造型中既能保护头发，又能使头发快速成型。

带气囊宽齿扁梳

带气囊宽齿扁梳的宽齿在打理卷发时不易破坏发丝的卷度，同时带有按摩功效，能给客人舒适的造型体验。

长柄密齿筒梳

长柄密齿筒梳细细的齿容易将头发梳理通顺，可防止卷发发尾打结。另外，其和吹风机配合，很容易将发尾打造出自然的卷度。

密齿长梳

密齿长梳用于打理和辅助修剪刘海儿，能更精准地控制刘海儿中每一根头发的长度。

锯齿打薄剪刀

为了造型的完美，有时需要对客人的刘海儿进行修剪。锯齿打薄剪刀上的锯齿能降低头发的密度而不会改变其长度。

针尾梳

针尾梳可以使造型变得蓬松、立体。在做盘发造型时，将尾针插至头发根部，向上挑起，可营造出蓬松的效果。

蓬蓬梳

蓬蓬梳的针齿可以达到头皮处，插入后左右滑动一下，可以把粘在一起的头发分开。

定型喷雾

使用发蜡、啫喱膏、啫喱水、摩丝等产品后再使用定型喷雾，可获得更强的定型效果。它不仅能够辅助头发造型，还能使头发持久定型，增强发丝的光泽感和层次感。

9 种打理卷发造型的工具

发型设计的基础步骤肯定少不了烫发，这需要根据实际情况（如客人的发质、发长、卷度等）选择不同类型的卷发工具。

玉米须夹板

夹板的表面有90°的凹凸设计，用来将接近头皮的头发加热，烫成波浪，让头顶的头发产生波纹的效果，使头发有蓬松感，可有效解决头发扁塌的问题。

弧形夹板

弧形夹板可以同时夹出直发和卷发两种造型，尤其适合短发和中长发造型。卷发时，操作过程中转动手腕进行卷烫；直发时，夹住头发，往下轻拉。

鸭嘴夹

头发需要分片进行烫卷，可以借助一些小工具来实现。鸭嘴夹能将一些碎发或散发固定，能让卷发操作变得更加利落、方便。

干洗喷雾

在头发油腻的情况下，大部分卷发工具都无法取得好的造型效果。使干洗喷雾与头发保持一定距离，喷洒并按摩，再用干毛巾将灰尘等油腻物擦出来，可使发丝恢复清爽，以便于造型。

发卡

在进行发型设计时，一定少不了发卡，其好处是体积小，易隐藏于头发中。使用时将有波纹的部分朝下，这样是为了增加摩擦力，以便有效地固定发型。

卷发梳

卷发梳能把头发梳理通顺。将头发绕在卷发梳的梳齿间，用吹风机稍微吹整一下便能使头发定型。

圆筒卷发棒

圆筒卷发棒可以解决卷发的各种问题。使用时，从发尾往上卷，可以让卷曲状态更明显。

电吹风烘罩

卷发如果用吹风机直吹很容易变直，在吹风机的风口加上电吹风烘罩就不会破坏头发的卷度。

造型霜

造型霜用于卷发造型后为头发加强弹力及丰盈的感觉。在手掌心将其均匀搓开，涂于发上，就可以轻松做出发卷。

9 种打理直发造型的工具

直发看似简单、易打理，实际上易折、易变形，比卷发更容易显得毛糙。头皮出油后直发会显得非常平贴，所以也需要专业的造型工具来打理。

自然造型刮蓬梳
自然造型刮蓬梳适合发质细软、头发平贴的客人使用。其采用双层特殊发梳设计，宽齿梳部分能让头发表层更加蓬松。

鬃毛逆流梳
鬃毛逆流梳可以在头皮比较油腻的情况下把发根刷出直立感，让头发从发根开始根根直立。

蝴蝶结刘海儿贴
在造型时需要规整一些碎发，用发卡固定容易留下夹痕，而蝴蝶结刘海儿贴既能固定头发，又不会留下痕迹。

发冻
发冻一般都比较清爽，适用于梳理平直造型。因为它兼具保湿功能，所以适合在处理卷发回直和毛糙头发时使用。

直发胶
一次性直发产品能迅速抚平卷曲、毛糙的发丝，帮助卷发客人做直发造型。水洗后，头发便能恢复卷度。

夹板直发器
夹板直发器能让毛糙、卷曲、翘起的头发变得顺直。做直发的过程中，挑取一缕头发，用夹板直发器沿发片从发根滑向发尾。

可换内板的夹板直发器
此款直发器能让直发的变化多一点。多样的陶瓷内板可以在头发内层做出小波浪纹和其他纹路，能让头发蓬松。

蓬发喷雾
将其喷在完全吹干的头发上，就能获得比打毛、刮蓬更快速的蓬发效果。蓬发后不方便重新做造型，所以最好在造型前使用此产品。

造型护发油
这种产品用在做过造型后仍然感觉非常毛糙的头发上，可以大大降低发质的毛糙感，并且能使头发染过的颜色更鲜亮，整烫的卷度更明显。

9 种发型师的秘密造型"心机"小物

在发型设计中使用一些看似不起眼的辅助小工具，往往能达到事半功倍的效果，尤其是在塑造一些盘发造型时。为了使造型呈现更多的花样，发型师必须储备一些造型"心机"小工具。

公主头盘发器

如果发量不够，再怎么打毛头发也不显蓬松。在头发里面垫上一个公主头盘发器，双向齿锯能让它牢牢嵌在头发里，让造型更蓬松、立体。

海绵发卷梳

海绵发卷梳配合吹风机，利用热力将发梢梳理成内卷的样子。其好处是方便、快捷，可提高造型效率。

造型发插

造型发插的尾部是圆形的，插入头皮时不会刺伤头部。造型发插弧度适中，能很好地贴合头皮，固定效果也非常好。

花苞头海绵盘发器

先把头发扎成马尾，再把头发绕在盘发器上，将盘发器对折后交叉，头发就自然形成了饱满的花苞头。

螺旋造型发卡

盘发或需要固定某处造型时，只要把螺旋造型发卡插到衔接的位置上，然后顺时针拧入，就可以将它隐藏在头发里。

盘发发卡造型组

多齿梳的扁夹和葫芦形的发卡组合能牢牢固定盘发造型，尤其是针对发量多且造型复杂的情况，此款发卡更显得必不可少。

发用遮瑕粉饼

对于发根太白、头发太稀疏或发际线太高等情况，将发用遮瑕粉饼轻轻压在发根处，便能遮盖头皮的颜色。

染发笔

其采用专业的化妆品级染发配方，刷头可以把颜色补在有色差的头发上，适合染过颜色但已经长出新头发，且不想去美发店补染的人。

各种长度的接发片

头发太少或者太短就无法做出完美的造型。针对这种情况，可选择活扣接发片，可以将与发色接近的接发片接在头发隐蔽的位置，使发量增多，使造型更多样。

卷发棒的组成结构

有了卷发棒，就能够让头发拥有更合适的卷度与蓬松感，打造更完美的发型。专业发型师只有充分了解卷发棒的结构才能更好地利用它。

卷发棒结构解析

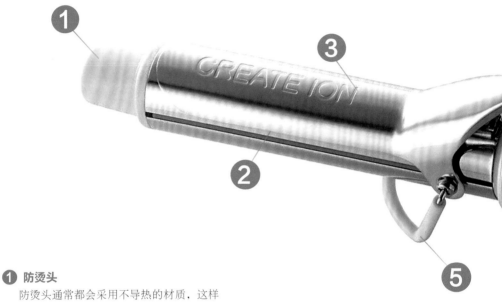

1 防烫头

防烫头通常都会采用不导热的材质，这样能够方便使用者在烫头发时双手同时操作。

2 发热管

发热管是让头发变卷的核心部件，把电能转化为热能。其内壁设有外套，外套是由金属层、塑料层和橡胶层组成的，外套与内壁之间填充有储能作用的石蜡。

3 弧形压板

弧形压板的作用是固定头发及防止卷入的头发移位，其通常采用的也是能够导热的材质，可让头发全方位受热，使发卷更丰盈。

4 防滑按手板

这个部位能够自由操控弧形压板的松紧度。为了避免在使用时手指太滑、不好操作，此结构一般由磨砂、凹凸纹及凸点等防滑材质制作而成。

⑤ **安全隔热支架**

　　为了避免卷发棒还有余热时直接贴近地面、桌面等地方，要设置安全隔热支架，其能够起到隔热的作用。

⑥ **温度显示器**

　　它能够方便使用者快速了解温度的高低，通常由 LED 灯或者液晶显示屏制作而成。相比最原始的卷发棒，这种设计更直观、更便捷。

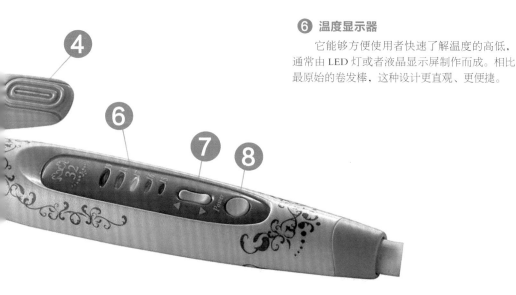

⑦ **温度调节键**

　　温度调节键能够让使用者轻而易举地掌控温度，其通常分为上、下两个箭头或是左右连起来的按钮，只需根据需要轻轻一按，就能改变温度。

⑧ **开关键**

　　开关键可以自由操控电源开关，也可以在一定程度上避免温度升得过高，通常设计为圆形按钮。

TIPS

　　卷发棒使用注意事项如下。

　　由于卷发棒的发热部件裸露在外，如果居家使用，要由其他人帮助卷发，尽量避免自己卷发，以防不小心被烫伤。如果是自己操作，一定要选择带发夹的卷发棒，不带发夹的卷发棒不宜自己操作。卷发时，用发夹夹住发尾，慢慢卷到发根，停留 20 s 之后松开，发卷就能形成。注意，卷发的时间太长可能会使头发受损。

卷发棒的常见材质分类

卷发的效果除了受操作者烫发技巧及经验的影响外，还受卷发棒材质的影响。卷发棒的材质是决定卷发效果的重要因素。

学会区分材质

手柄材质	导热性	防滑性	耐磨性
绝缘外壳	差	很强	一般
金属	很强	差	很强
塑料	差	强	差

应注意手柄材质的绝缘性及导热性。绝缘外壳是每个卷发棒必备的材料，如果手柄的导热性强，就很容易烫伤操作者的手或者其他部位。手柄除了满足绝缘性好和导热性不强等条件以外，防滑性和耐磨性也要考虑在内，防滑性强、耐磨性好的卷发棒手柄是最佳的选择。

涂面材质	导热性	储热性	固定性
亮面陶瓷	很强	一般	一般
亮面金属	很强	差	差
雾面陶瓷	强	好	很强

涂面材质是指导热棒最外面的那一层涂料，一般为陶瓷、金属之类的材质。好的卷发棒不仅要有好的烫发效果，还要做到对头发损伤小。亮面材质虽然加热快，但是容易损伤发质，甚至烧焦头发。雾面陶瓷导热性好，对头发伤害也较小，是目前市面上较好的涂面材质。

根据发质调节温度及时间

发质	温度 /℃	停留时间 /s
头发细软、水分较多	100~125	5~8
头发干燥、细软	125~150	4~6
头发粗硬	150~180	6~10
头发自然卷	160~185	8~10
头发粗软	150~160	5~7

特殊的卷发棒类型

为了满足客人更多的美发需求，也为了方便操作，卷发棒除了大小、直径不同以外，还有不同形状之分。不同形状的卷发棒可以烫出不同的发卷，并且相较单一形状的卷发棒使用起来更快捷、更方便。

利用不同形状的卷发棒烫出风情万种的发卷

组合卷发器

一套组合卷发器有很多接头，能满足不同发型的卷度要求，能完成更多花样造型。它也能节省空间，只要买一根卷发棒，就能使用多款接头，无须重复购买。

粟米卷发棒

粟米卷发棒细致的纹路可以烫出犹如玉米须的小卷，改善头发扁塌的状态是它的强项，只需稍微在发根附近烫一下，就能使头发立刻恢复蓬松。当然也可以用它来打造非常有个性的爆炸头，但是要注意所搭配的饰品要合适，这样才能让爆炸头拥有时尚个性。

波纹卷发棒

波纹卷发棒烫出来的头发犹如水面波纹，适度的小卷让头发看起来更加蓬松。如果只烫发尾部分，A字形款的发型更具瘦脸效果。大胆将全部头发都用波纹卷发棒烫卷，能轻松打造具有蓬松质感的韩式发型。

双棒型卷发棒

只要发挥你的想象力，就能把双棒型卷发棒的用处发挥到最大，就连头发的缠绕方式都能有很多种。它可以塑造出空气感，无论是成熟、中性还是活泼风格的发型都能够用它来制作。

葫芦形卷发棒

葫芦形卷发棒的卷度虽然和波纹形卷发棒差不多，但是用它做出的发型更具空气感。蓬松、飘逸的发型让客人更加迷人，无论是长发还是中短发都可以尝试一番。如果客人穿的是飘逸简洁款的服饰，效果则会更加完美。

自动卷发器

自动卷发器的全智能性可以帮使用者省掉很多的时间和精力，能轻松烫出轻盈的卷发。唯一的不足是自动卷发器有时会出现卡发的现象，需要操作者动手调整。

发型师必须知道的造型小技巧

熟练运用一些实用的造型小技巧，能够使发型师大大提高造型效率，避免产生一些错误操作而引起客人的不满，同时也可体现发型师的专业性。

● 怎么避免卷发棒给头发带来热伤害？

卷发棒是每一位发型师都要用到的造型工具，有4种技巧能帮助避免卷发棒给头发带来热伤害。

第一，使用抗热卷发产品。很多人都会用免洗护发素或者润发乳来充当抗热产品，实际上这些产品的抗热效果都不是特别好。专门针对烫操作设计的抗热产品能吸热凝固，在头发表面形成一层保护膜，可抵抗吹风机、卷发棒对头发的伤害。但一定要注意在头发完全吹干的时候使用才能发挥抗热效果。

第二，洗头后隔一个小时再进行整烫。洗头后，头发的毛鳞片张开，含水量比较大，如果这个时候急于吹干，用卷发棒做造型，就会加速水分的蒸发，毛鳞片会受到严重的伤害。洗头一个小时之后，头发自然干透，毛鳞片闭合后再整烫为好。

第三，尽量不要使用湿发可用护发品。有的人在半干的头发上使用一些护发精华或者润发乳，认为有油脂包裹，一定能减少热伤害。实际上，油脂包裹头发，水分更不容易蒸发，这样会延长头发与热风接触的时间，头发受到的热伤害会加重。

第四，从温度着手做好基础防护。市面上的卷发棒能设定的温度范围一般为80~200℃，也有一些能自动提温的卷发棒温度高达200℃。一般而言，卷发棒的温度应尽量控制在120℃以下，这样才不会对头发造成很大的伤害。如果发丝较粗，可以加温到150℃左右。用卷发棒时最好预热20 s，争取一次成形，避免卷发棒在同一片头发上多次重复上卷。

● 梳了喜欢的发型后，怎么保持得更久？

经常变换发型的人最好准备几款定型力和硬度不同的定型产品，以便打造各种造型。除了比较常用的喷雾外，还有发膏、摩丝、发蜡、啫喱等可供选择。

第一，喷雾里的胶质成分会因接触空气而迅速干燥变为纤维状，具有将头发撑起的效果。喷雾具有轻盈感，几乎适合所有发质使用。

第二，发膏多为管状的固体膏，可以用手指抹取，也可以直接像橡皮擦一样擦在头发上。一般用于整理碎发，使小碎毛伏贴。

第三，摩丝在接触空气后会迅速发泡，呈现出白色泡沫状的质感，一般用于半干的卷发。

第四，发蜡结合了发胶的定型能力和发乳的自然风格，多用能使头发显得油润并可定型，少用、薄用能使头发丝丝分明并且蓬松自然。

第五，啫喱为果冻状，具有凝胶质感、超强的黏度和最佳的定型效果，无论是湿发还是干发均可使用。一般而言，定型啫喱具有发润的效果，不适合发量较少的人使用。

除此之外，头发打底产品有助于发型保持更久。当头皮出油时，使用去油型的洗发产品或者具有控油效果的打底产品，能让发型在无油的前提下保持得更久。蓬蓬粉、蓬发液也是比较常见的打底产品，它们有的甚至可以用在发根，使头发从发根就根根直立，从根部就加强发型的持久性。假如你要做一个基础马尾，可先在发根使用蓬蓬粉，之后马尾的形状就会比不使用的时候保持更久一些。

● 如何避免头发起静电后打结？

静电噼啪作响，蓬松杂乱、难于梳理的头发一定让你心烦气躁。除了挑选一些更滋润的洗发、护发产品外，我们还有 4 种方法可防止头发起静电。

第一，购买护发喷雾。头发处于干燥状态的时候就是静电造访之时，护发喷雾能很好地解决头发干燥的问题。护发喷雾是秋冬比较实用的一种产品，喷在干发上，虽然不如润发乳能有明显的滋润效果，但是能及时补充水分，消除静电。

第二，挑选防静电梳。平时不要使用塑料或金属梳子，它们易使头发产生静电。天然材料或者橡胶树脂制的梳子（如木梳、牛角梳）是最理想的用具。目前市面上也有较高端的防静电梳，它们主要以导电性聚酯为材料，或者设计了能自动放电的金属接地装置，在梳头的时候能够有效吸附静电并且释放出去。常常有静电困扰的人可以选择这种产品。

第三，挑选具有阳离子成分的洗护产品。阳离子活性物质能使头发表面的活性分子定向排列，令头发上的电荷减少、电阻降低，可增强保护膜的抗静电效果。使用具有阳离子成分的洗护产品，或者做阳离子倒膜，都可以让静电乖乖远离。

第四，部分发型也具有抗静电的效果。静电和干燥息息相关，也和摩擦有关系。在秋冬季节，如果喜欢披散着头发，那么发丝之间的摩擦及在头发上附着的粉尘颗粒都会产生更多静电。梳马尾或者干脆将头发绑成发辫能大大减少静电的威胁，并且这两种发型都能减少发丝被风吹到的面积，避免干燥。在头发表面适当涂抹一些有保湿滋润效果的润发露也可以有效减少静电。

● 发量不足很难造型，怎么让头发变多、变密？

头发比较少的人在做造型的时候局限性很大。除了事先使用蓬蓬粉等打底产品，也有其他方法能帮助发量少的人做出蓬松、饱满的发型。

第一，修剪时剪出多个层次。比较少的层次会使发量更显少。在修剪的时候，利用层次修剪撑起。此外，可把发色染为棕色的。层次具备了，再加上发色变浅，就能获得比较好的蓬发效果了。

第二，要让头发变得浓密一些，看起来多一些，发根和发尾的平衡很重要。发根蓬松，头顶才不扁塌，发尾则要够厚才性感，这些都必须在洗完头的时候就做到。用吹风机吹干发根时一定要彻底，少用梳子，要用手去拨松发根。发卷要想够厚，就必须用卷发棒稍微做出一点内卷，发量就会显多。

第三，选择适合自己的头发长度。发质比较差的人，营养往往达不到发尾，会使得头发看起来特别稀疏。因此，发质差的人不应该留过长的头发，并且要经常观察发丝是从哪里开始变得脆弱、纤细的。确定一个水平位置，你留的头发长度不应该超过这条线。

第四，利用手法让头发变多，不要太依赖蓬发产品。打毛虽然会对头发产生物理伤害，但是相对使用蓬发定型产品，这样的伤害显然是小了很多。打毛过的头发只要进行水洗梳顺和产品滋润，就不会产生更严重的损伤问题。另外，如果打毛后还需要喷一点定型产品，建议打毛内层的头发，将外层头发覆盖后再喷定型产品，这样定型产品就不会直接接触被刮伤的毛鳞片，可减少对毛鳞片的伤害。

卷发棒基本操作方法

　　使用卷发棒方便、快捷。在使用卷发棒的过程中，还需要注意一些操作问题，这样才能避免自己被烫伤。

1 用没插电的卷发棒练习一下烫发手法，以免因手法不娴熟而烫伤自己的双手。

2 在练习完卷发手法后，就开始将卷发棒预热到符合自己发质的温度。

3 在预热卷发棒的时候，先挑出一缕头发，不能太多，也不能太少。

4 右手拉住这缕头发，左手拿着卷发棒，夹住发束的中间部分。

5 用卷发棒夹住发束的中段，左手握着卷发棒，按下卷发棒上的旋转按钮。

6 按下卷发棒上的旋转按钮，卷发棒就会慢慢地向下卷到发尾处，以这个姿势保持 3 s 左右。

7 卷到发尾后，让发夹慢慢地放开头发。

8 采用同样的手法将其余的头发烫好。

TIPS

　　卷发棒在使用前最好先预热 20 s。卷发前应对头发进行一些基础打理，如利用大号气囊梳将头发全部梳理通顺。在卷发过程中，每次选取的发量尽量保持均等，这样卷烫出来的效果才会显得自然。

有助于保护发丝的卷发棒操作技巧

质量好的卷发棒虽然对头发伤害不大，但实质上还是会有些伤害。为了保护客人的发丝，科学使用卷发棒很重要。

1 在洗完头发后，先将修护精华液均匀地涂抹在发丝上，以补充头发的营养。

2 用吹风机将湿漉漉的头发吹出大概的形状，不要吹得太干。

3 给头发先涂抹上塑形剂或者烫前护理剂，在头发上形成一层保护膜。

4 选用防静电的梳子，将头发梳顺并且分区。

5 用卷发棒烫两侧的头发之前，先把前额的刘海儿用发卡单独分出来。

6 取左侧的头发，卷发棒向内卷发尾一圈，使两颊的发卷内扣。

卷发之前先护发

如果刚洗完头，可先用修护精华液均匀涂抹发丝，量只能少，不能多，补充发丝的营养，之后再用卷发棒。用免冲洗护发素，少量多次均匀涂于发尾，这样可预防热伤害并使头发柔顺、不毛糙，使头发有光泽。

合理分层烫发

将头发分好区域之后，要从最下面那层头发开始卷烫，按照从下往上的顺序一层一层地烫发。科学分层烫发会让头发层次丰富，卷度漂亮，最重要的是不会像没有分层的烫发那样凌乱或者漏烫。

烫发后定型

最后整理全部卷完之后的头发，将手伸入头发中稍加拨弄，以使头发呈现自然蓬松的感觉。使用亮光液，让头发更有光泽，也可以使用发蜡，加强头发的柔顺感。若想让发型更持久，可喷定型喷雾定型，但整体造型会略显僵硬。

头发科学分区

以两侧耳尖连线为界将头发分为前后两部分，将后半部分头发平均分为上下两部分。此时形成 3 个发区。将 3 个发区都平均分为左右 2 份，这样共分成 6 个小发区。头发比较多或层次比较多的人，可上下多分几层。

整理头发时要记得放下卷发棒

整理发束时可以把卷发棒放下。左右两边卷好的头发有时会不对称，这没有关系，自然一些会比较好看。

卷发棒使用重点解析

卷发时间长短直接影响着卷发的效果，卷发棒直径的不同会使发卷的形状不同。

Chapter 2

必学的发型
基础手法

　　基础手法的熟练程度直接影响着发型师的造型水准。不要轻视看似简单的造型手法，这些知识和技巧往往是造就更优秀发型师的基础。每一位发型师都要经历从借助基础手法制作到独立设计发型的过程，任何一款精致的发型都需要在此基础上完成。

发尾烫手法

发尾烫是日常造型中最常用的技巧，它不仅可以调整发尾参差不齐的状况，还能让头发因为底端的堆积而显得丰厚。发尾烫技巧可以用在长发上，还可以让刘海儿看起来蓬松、饱满。

1 烫发尾要从底层的头发开始，每次上卷的发片宽度为5~6 cm，厚度适中即可。

2 用密齿梳将头发梳直。未经梳理的头发即使烫卷了，卷度也是凌乱的。

3 从距离发根 8~10 cm 的位置开始夹头发，然后轻轻松开夹口，拉到发尾，将发尾全部收入卷发棒中。

4 发尾内卷一圈即可。上卷时将头发提起约45°，使卷发棒保持水平，这样能令发尾产生堆叠效果。

5 烫发保持 15~18 s 即可。刚离开卷发棒的头发不要急于梳理，自然冷却可使弧度更加自然。

6 平时打理烫过的发尾时，最好用筒梳将马尾朝内卷，然后梳顺，不要使用密齿梳强梳。

Point 1

烫发方向影响堆叠效果

最好分为左、右、后 3 个方向烫发尾。尤其是在烫背后的头发时，不要将背后的头发往外拉，这样会造成卷度倾斜，无法形成让头发增厚的平卷。同理，左右两侧的头发应向上卷，不要偏移到其他角度。

Point 2

烫发的拉力决定卷度是否一致

在用卷发棒夹发尾时，应该将发丝稍稍拉直，确保有根发丝都能烫在内侧面。烫发的时候头发松紧不一会造成头发受热不均，以致卷度大小不一或者出现折痕。

Point 3

卷发棒直径的选择

如果只是烫卷发尾，则卷发棒直径的大小对最终效果的影响不大。直径为 32 mm 的大号卷发棒比直径为 22 mm 的小号卷发棒塑造的弧度更大、更自然，但持久性不如小卷发棒。发质如果易于定型，则选择直径为 28 mm 的卷发棒最合适。

刘海儿易扁塌，发尾烫能解决吗？ 发尾烫是解决刘海儿扁塌的好方法，通过增强发尾的支撑力，将刘海儿撑起，不仅能使刘海儿显得丰盈，还能优化五官的比例。刘海儿呈圆弧状隆起时，还能起到瘦脸的作用。

1 将刘海儿和鬓角的头发分开，用密齿梳梳直，然后用手指将其夹扁，拉直，使之呈45°角。

2 卷发棒加温后平放上卷，从刘海儿中段上卷，慢慢向发尾移动，将发尾内卷3/4圈，保持4~5 s。

3 将全部刘海儿烫过一次后，再薄选最外层的头发，内卷发尾3/4圈，加强发尾的弧度。

发尾烫过后，日常怎么打理才能保持形状？ 发尾烫过后最好不要再烫，以免卷度凌乱，使头发更显毛糙。用一把筒梳和一台吹风机就能使发卷更持久。

1 用筒梳将头发梳顺。到发尾时不要硬梳，要顺着内卷弧度带过。

2 将吹风机调至热风挡。用筒梳将发尾带卷的同时，吹风机以45°外切角度配合筒梳使发卷定型。

3 筒梳配合吹风机定型会使头发更加蓬松、自然。注意头发微湿时吹干的效果最好。

背后的头发怎么烫发尾？ 头发生长和分布的规律是头顶和后侧的头发通常较稀疏，因此可以大片整烫，这样能塑造出丰盈的效果。和左右两侧的头发不同，背后的头发较浓密，因而要分片烫。

1 将头顶和后脑勺的头发划分出来，取厚度适中、宽度为8~10 cm的发片。

2 根据自己的习惯，可先从耳朵齐平的位置上夹，然后慢慢低头，手臂同步垂下，慢慢将卷发棒移至发尾。

3 每次都要将发尾全部放入卷发棒并平铺开，以使头发均匀受热。

内卷烫手法

内卷烫是日常烫发中必须掌握的技巧。内卷烫可以使头发呈现出流畅的内旋弧度，从而收窄脸形，适合宽脸形的客人。

1 内卷前先将头发分层。发量适中时，一般分为上下两层；头发较厚时，可分 3 层。

2 将头发梳顺、拉直并提拉至 45°，将发尾内卷一圈半。

3 在拉直头发的前提下，用卷发棒将头发慢慢向上卷，确保头发均匀地卷在卷发棒上。

4 慢慢将头发卷至太阳穴处，停留 15~20 s，可用手确定头发的温度。

5 头发表层上卷之后的效果较好，发尾内扣，呈现的弧度比较自然。

6 将头发分上下两层内卷，即可呈现图片中的效果。用手轻轻横向拨开发卷，即可完成造型。

Point 1
确保发丝彻底梳顺

发丝梳顺后才能确保发卷蓬松，发尾如果出现凌乱、参差不齐的状态，很大程度上是因为上卷时没有先梳顺头发，受热后显得更加凌乱。

Point 2
发丝尽量均匀包绕卷发棒

为什么每次发尾已经烫卷了，中段却还是直的？原因是发丝包绕卷发棒时都缠绕在同一个地方，导致发丝外层受热不足，最后出现发尾过卷或中段不卷的状况。

Point 3
灵活控制烫卷的时间

由于每个人的发质和头发的干湿度不同，上卷时间需要通过累积经验来判断。上卷前最好将头发吹至全干，上卷后用手指试探最外层头发的温度，如果很烫，则证明烫卷的时间差不多了，可以慢慢打开卷发棒。

外层的头发已经不卷时，如何在短时间内恢复卷度？ 烫卷后一段时间，发卷通常就不会太明显了。这时可以将外层的头发分为若干宽发片，再逐一整烫、定型，即可让卷发恢复到完美的初始状态。

1 将最外层的头发分成宽度为 8~10 cm 的发片，用梳子轻梳并拉紧发根。

2 不要重新卷烫发尾，而要夹住发丝的中段，内卷到靠近发根处停留数秒。

3 当最外层的头发全部整烫一圈后，用手抓住发丝中段向上提拉，并喷定型喷雾定型。

想要脸更瘦，还可以在哪里"动手脚"？ 分出贴脸的鬓发，将这部分头发烫成内卷，就可以收小脸的外围，比单纯将发尾烫成内卷的瘦脸效果更好。

1 将贴脸的鬓发划分出来。

2 稍微低头，令鬓发下垂。竖放卷发棒，将鬓发向上卷，塑造内扣的弧度。

3 最后烫出来的发卷能贴合腮部轮廓，获得超强的瘦脸效果。

TIPS

烫了内卷的头发怎样打理才能保持蓬松呢？

内卷烫能修饰脸形，但如果发型不够蓬松，就会失去灵动感，瘦脸效果也会大打折扣。而头发本身会吸湿，烫卷一段时间后，蓬松度会下降，发卷会不明显。用筒梳重新处理卷发，再配合定型喷雾即可使头发蓬松。具体操作方法如下。

（1）向上提拉头发，用筒梳从发尾内侧将纠缠的地方梳开，可在一定程度上恢复发尾的蓬松感。

（2）双手插入头发，快速拨动发根，令扁塌的发根恢复根根直立的状态。

（3）将头发向外提拉，等发卷堆积到一起时喷定型喷雾，使发卷增厚。

外卷烫手法

外卷烫能缩窄脸的侧面，达到瘦脸的效果。如果客人的发量较少，修剪的层次较多，那么外卷烫是很好的选择。

1 竖向整片取发，用密齿梳将头发整片梳起，拉直并提拉至45°角。

2 竖向握住卷发棒，拉直头发并内卷。注意头发要始终处于拉紧并抬高的状态。

3 尽可能卷至发根，确认头发的卷曲方向是朝外的，保持15~18 s。

4 松开发卷，用同样的手法加烫最上层的发片，可将卷烫的角度倾斜45°，卷向仍然朝外。

5 烫好后，将外卷的位置抓高，喷定型喷雾定型。

6 发流往外翻卷可形成唯美梦幻的卷发效果，在塑造甜美造型时这种卷度最合适。

Point 1
分区取发谨记"薄"

内卷烫的分区技巧和外卷烫有很明显的区别。内卷烫分区为横向分区，所取的每份头发可厚些，令卷度更加明显；外卷烫分区为竖向分区，每份头发越薄发卷才越明显。

Point 2
竖向握棒

一些人不习惯竖向握卷发棒，因为如果把握不好头发的松紧度，发卷就容易显得凌乱。注意卷发时一定要将头发拉紧，分握卷发棒上下两端的左右手要相互配合，像转动卷轴一样操作卷发棒。

Point 3
外卷烫的定型秘诀

定型外卷纹路时，不要将定型喷雾用在发根或者发尾，发卷的起始位置最易受重力影响变直，因此需要重点处理。

如果想给刘海儿塑造外卷造型，该怎么操作？ 梳顺→拉紧头发→外翻上卷，外卷烫的"神奇三步"也可以运用在刘海儿造型上，唯一的区别是刘海儿的卷烫圈数不必那么多，发尾卷烫一圈即可。

1 将刘海儿区域划分出来，用尖尾梳梳顺，拉紧并抬高45°。

2 从距离发尾约5 cm处上卷，将发尾整齐卷入卷发棒中，发尾朝上。

3 轻轻松开棒夹，向上外卷的同时将发尾旋入棒夹内，发尾外卷一圈，卷烫8~10s即可。

怎样才能让下巴显得更尖、更好看？ 外卷烫是一种能令下巴显得更尖、更好看的重要技巧，将耳朵附近的头发外翻烫卷，会有下巴更长、更窄的视觉效果。

1 将耳朵附近的头发取出，用卷发棒烫成外翻卷的造型。注意距腮部最近的发卷要最明显。

2 卷烫后用尖尾梳轻梳上半区，令头发根根分明。这样做有加蓬太阳穴凹区的效果，能间接强化瘦脸的效果。

3 用手指将外翻卷的发卷向外撑开，然后喷定型喷雾定型。

局部外翻卷能有神奇效果吗？ 在处理靠近脸部的头发时，外卷烫是个很神奇的技巧。如果你的上庭区较窄，外卷烫可以拓宽这部分，使脸形更完美。

1 将靠近太阳穴位置的少量鬓发预留出来，用密齿梳分界。

2 竖向握卷发棒，从发尾开始将鬓发卷一圈半，停留8~10s。

3 这部分头发烫卷后能修饰太阳穴凹区，再配合长眉，延长眼线，能实现将眼睛放大的神奇效果。

三股辫手法

　　三股辫一直以来都是颇受欢迎的造型技巧。不论是作为发型的搭配元素，还是作为造型的核心部分，三股辫都可以。三股辫常用于塑造可爱甜美风格的发型。

1 将要编三股辫的发片选出来，将其分为三等份。

2 中间股先往下，绕至左股头发之下。注意三股辫的操作一定要从中间股开始。

3 左股头发往中间移动，变成中间股，右股头发顺势叠在上面，完成编发的第一步。

4 将位于左侧的中间股头发叠在右股的上方。编发时需保持三股头发拉力均匀。

5 以两边的发股交替叠加在中间发股之上为原则，将发辫编完。

6 发辫编好后用皮筋绑紧发尾，防止发尾松脱。

Point 1
分股均匀是首要原则

　　无论发辫粗细，三股发束的发量要均等，这样才能打造出匀称紧致的三股辫。分股均匀需要用手感去把握，多练习几次即可。

Point 2
"略紧一些"刚刚好

　　发辫松散、歪扭都是编发时用力不均导致的。发辫的最终粗细程度不是在编发时把握的，而是在发辫完成后通过拉松每股发束来调整的。因此，编发时应该把辫子编得略紧一些，发辫的粗细可在完成后再微调。

Point 3
处理发辫毛糙的问题

　　要处理辫子毛糙的问题，除了用润发乳抚平毛糙的碎发之外，还要尽量选择长短均等的头发编辫，避免发尾从发辫中岔出。

在完全看不到的背面，如何编好三股辫？背面的状况往往看不到，所以需要通过一些小技巧来编发。例如，编发时可略低头，让发根绷紧，以耳垂作为参照物测定左右两股头发是否拉到位等。

1 为避免编出的辫子太松，一开始编辫时要稍微低头，以便分握每一束头发的手拉紧发根。

2 把两边耳垂想象成两个点，每次交错后往两边拉的发束都需要回到点上，这样可以避免辫子编歪。

3 辫子编完后不要往某一边拉，以免辫子歪扭。应向上翻，在左右居中位置绑好并固定。

如何让刘海儿更伏贴，打造发辫刘海儿？刘海儿编辫最难解决的问题是改变刘海儿的方向。在编辫前使用发蜡可以让发丝更伏贴。

1 将刘海儿梳顺，并且往你喜欢的方向拉直，在距离发根约2 cm 的位置涂少量发蜡，将发丝抚平。

2 开始编辫时要在两手的指腹上涂抹少许发蜡，以抚平碎发。

3 尽量将较短的刘海儿往内侧编，让发尾摆向内侧，避免其从左右两侧岔出。

为什么逆向编辫时，总是感觉很难成功？当发型需要发辫横跨头部时，就必须依靠逆向编辫的技巧来实现。只要懂得处理毛糙发根的诀窍，就能编出紧致的发辫。

1 将要编辫的头发向后梳，将头发拉直。

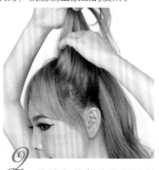

2 为避免外翻的发根显得毛糙，可以从下往上轻抹少许发蜡，抚平逆毛和碎发。

3 编发辫时不应往旁边拉，而要尽量往上拉，这样才能编出紧致的发辫。

加股辫手法

加股辫不只是三股辫的升级版，它打造的是另一种更加华丽、富有张力的风格。对清新的"森女风"而言，加股辫意味着古典和淳朴；对活泼的日系风格而言，它代表着可爱和清新。

1 选择头顶的一片头发，将其分为三等份。

2 中间股发束从下穿插移至左侧，原先的左股发束移至右侧，原先的右股发束从上方绕到中间。

3 从编发的左侧位置再抓取一束同等发量的头发，将发根拽紧并将这束头发加入编发。

4 新加入的发束和发辫的左侧那股发束合并成一股，发辫的右股独立；再从发辫右侧抓取一股发束。

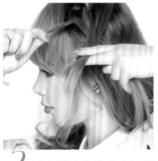

5 右侧发束和发辫右侧那股发束合并成一股；再从发辫左侧抓一束头发，按三股辫编法编辫。

6 完成加股辫后或者旁边没有头发可抓取时，可以按照三股辫的编发手法收尾。

Point 1
分股均匀是首要原则
无论发束粗细，每一股发束的发量都要均等，这样才能打造出匀称紧致的发辫。分股均匀需要用手感去把握，多练习几次即可。

Point 2
以中间股为发辫准线
编加股辫容易偏离中间位置，从而导致发辫出现左扭右歪的状况，因此交错每股发束时，中间股一定要明确，不能歪斜，两边加股时不要将中间股拽偏。

Point 3
发量合并的就近原则
抓取的新发束和发辫其中一股发束合并时应符合就近原则，左侧抓取的发束应和发辫左股合并，右侧同理。

怎样可以让编好的加股辫显得蓬松、立体一些? 我们可以通过拉松每股发束来调整发辫的蓬松度。诀窍是要拉松位于发辫左右两侧的发束,而不要动中间的发束,否则会破坏发辫的整体造型。

1 　拉松发辫前需确认辫尾已妥善绑紧,否则容易在拉松时不慎将发束拽出。

2 　要从辫尾往发根方向逐片拉松。注意只能拉松位于多股辫左右两侧的发束,不能拉扯中间的发束。

3 　靠近头顶位置的发束要慢慢拉高,先拉高一点点,确认之后再重复第二次。拉出的头发太多不容易将其重新塞回发辫中。

如何逆向编加股辫? 朝上编加股辫的手法和朝下的相同,但还是有一些关键点需要格外留心。

1 　将头发往上梳,发根处碎发太多则需用发蜡抚平。

2 　编加股辫时,两只手都需要抬到比较高的位置,拉紧发根。谨记要贴着头皮来编辫。

3 　由于逆向发辫最终要放下来贴着头部,所以编的时候要略紧,这样待发辫放下来时松紧度才会刚刚好。

刘海儿处发量稀少也能用加股辫的技巧造型吗? 如果从加蓬头发的出发点判断,加股辫比三股辫的效果更明显。三股辫会让头发变得紧致,从而使发量显得较少,但加股辫会令头发看起来多一些。

1 　用刘海儿编加股辫时,一定要将头发拉高再编,切忌拉低或者贴着头皮编。

2 　将头发分股时发量要少一些,可在手掌里抹一点发蜡,以增强发尾的黏性。

3 　由于刘海儿通常是参差不齐的,因此要将发辫的发尾绕到后面,藏进周边头发的发根处。

拧转手法

拧转是一种能让直发也产生弧纹的实用技巧，同时也是打造盘发常用的基本技巧。头发经过拧转处理后不仅拥有漂亮的弧度，还能增强体积感，缩短长度，令盘发拥有更多细节和表现形式。

1 将用于拧转的发片选出来，最好选择竖向的长发片。

2 为了避免拧转时发根松开，可用少许发蜡涂抹发片表面，以减少毛糙的碎发。

3 两只手配合，将发束按顺时针的方向拧转，同时令发根紧绷。

4 用手指先按住拧转处，然后用发卡从上往下加以固定。

5 最好在发量较多的地方固定，以便将发卡夹稳。

6 第一束头发从左侧鬓角固定到右耳下方。可在第一条发束下方选取发片，做成第二条发辫，注意发片的发量要均等。

Point 1
要注意碎发的收拢
发质不健康、头发长度参差不齐者，容易在拧转时暴露缺点。可以使用滋润性较强的润发乳或者发蜡使头发紧致光滑、不毛糙。

Point 2
拧转的方向
先想好发卡最终固定的位置再拧转，这样才会让拧转形成的弧线纹路更加匀称，不会出现歪扭、粗细不均匀的现象。

Point 3
把控拧转的松紧度
拧转发束的松紧度决定造型的完美度。发束如果拧转过紧会令发根露出；拧转过松则起不到收拢的效果，导致发型整体下垂。因此，要注意把控拧转的松紧度，如果有多股头发需要拧转，则必须保持松紧度统一。

如何借助拧转手法让两鬓的头发蓬松一些？ 两鬓的头发厚一些就可以实现瘦脸效果。如果发质稀疏，可以用发蜡加强发根的支撑力，拧转发束，再将其往前推，继而让头发变得饱满、蓬松。

1 一定要用密齿梳把将要拧转的发束表面梳顺，最大限度地避免凌乱。

2 用发蜡在发根处定型。发量少者不要用水状喷雾，以免发丝打缕。

3 蘸取少量发蜡，均匀涂抹在头发表面，接下来再拧转头发，可增强头发根部的蓬松度。

如何在刘海儿上运用拧转技巧？ 拧转头发能够做出复古风格的内卷刘海儿。刘海儿拧转的技巧要领和其他地方大同小异，唯一的区别是取头发这个步骤。

1 对刘海儿做拧转时，头发需要由后往前梳，发片可略宽，发量可少一些。

2 需要向内拧转，拧转的高度不要太高，最好在靠近太阳穴处。

3 在你想要固定刘海儿的位置按住拧转的头发，用发卡固定即可。

如何通过拧转技巧增加头顶的发量？ 在不使用任何定型产品的前提下，拧转可显著增加头顶的发量。只需要将顶区的头发从中间分为两份，分别向内拧转，即可实现加蓬的效果。

1 顶区的头发一定要向中间拧转，令本来向下覆盖的头发上翻，这样才能做出蓬松的效果。

2 将发卡固定在拧转最容易松开的地方，将拧转处和底下头发的发根固定在一起。

3 先推高拧转处，让头发立起来再夹发卡，可以获得比较理想的加蓬效果。

交叉手法

    交叉可以塑造与多股辫相媲美的效果,所形成的纹路比多股辫更低调、简约。如果说多股辫散发的是一种华丽、严谨、规则的美感,那么交叉的美则体现在随性、慵懒和漫不经心。

1 把将要做交叉的头发一分为二,两份的发量尽可能均等。

2 想要获得瘦脸效果,则靠近脸部的头发第一次交叉一定是后侧的头发往前叠加。

3 两股发束需要紧凑地相交,交叉的同时一定要稍稍拉紧发根。

4 交叉完成后可一手抓住发尾,一手调整发辫,这样做可使发辫更匀称。

5 当需要做下一步的造型时,可以将外侧的头发稍稍拉松,让发量显得更多。

6 将发尾固定在你想要的地方。

Point 1
交叉的松紧度
    一般情况下,头发经过分区交叉后形成的发型的发量会比直发状态下看起来更多;如果交叉的时候用力过度,把头发拧在一起,效果就会大打折扣。

Point 2
交叉的密度
    头发稀疏的情况下,交叉不要过密,每次交叉的间隔距离可以拉大一些,避免交叉把头发"吃"进去。相反的,发量丰盈的情况下,小的交叉间距则能打造比较突出的效果,效果也比大间距的交叉华丽一些。

Point 3
发丝咬合度
    交叉手法的发丝咬合度不如三股辫和多股辫强,因此发质细软、过于顺滑者会出现发丝滑落的现象。为了避免这种状况,可以将头发稍微打毛或使用具有黏性的发蜡,增大发丝之间的摩擦力。

编辫有加股技巧，交叉也有"豪华升级版"加股技巧吗？ 交叉也可以加股，连续性抓取新发束形成的交叉能打造与多股辫相媲美的华丽效果，而且技巧比编辫更容易掌握。

1 分出两份发束后完成第一次交叉，交叉一次即可抓取新的发束加进去。

2 要注意新加的发束必须每次都加进交叉后位置靠下并且发量较少的那一束中。

3 按照"每交叉一次必抓取新的发束加入"的原则，等距完成加股的交叉。

有没有简单、快速做丸子头的方法？ 交叉是丸子头造型的实现技巧之一，需要先扎一条基本款高马尾，之后采用交叉技巧制作可爱的丸子头发型。

1 扎一条基本款高马尾，将马尾分为两等份，备用。

2 采用交叉技巧不断地将两束头发交叉在一起，形成一条较粗的发辫。

3 以马尾的捆绑处为中心点，将发辫顺时针绕一圈，将发尾藏好，用发卡固定。

交叉技巧也可以用在刘海儿上吗？ 交叉可以让刘海儿变得别出心裁，而且能最大限度地减少定型产品的使用。从造型上看，交叉比编辫少了刻意感，适合休闲造型。

1 取额角的头发，和刘海儿形成两等份，两份互相交叉。

2 将所取的头发交叉编成一条发辫，辫尾用皮筋绑紧，避免松散。

3 将发辫稍稍往前推，令第一次交叉的地方隆起，顺势将发辫往后拉，将发尾藏进头发的里层。

041

撕拉手法

撕拉可以让头发变得蓬松，具有空气感。对丸子头、发髻、莫西干头这些注重立体感和蓬松度的发型而言，撕拉是令其快速成型的必用技巧。针对发量较少的客人，撕拉、打毛和搓发能够产生增大发量的效果。

1 将要撕拉的头发固定好，用皮筋扎成一条高马尾。

2 两手分别抓住发尾，把头发从中间撕开，形成两份。

3 把两份头发前后交叠在一起，合并成一股，从中间再次撕开，变成两份。

4 撕开头发时要慢，尽量将其拉到底部，这样头发交错后就能产生更强的蓬松感。

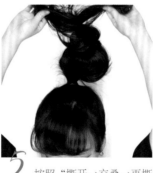

5 按照"撕开→交叠→再撕开→再交叠"的步骤，根据头发长度撕拉数次，头发就会充满空气感了。

6 要做丸子头或者发髻时，只需要将撕拉好的头发盘绕起来即可。

Point 1
采用撕拉技巧的基本要求
撕拉技巧对于长度一致的头发效果最好，相反，头发长度不一的话，过短的那部分头发可能在交叠和撕拉的过程中松开，头发就会变得非常毛糙。

Point 2
撕开的对等原则
头发每交叠一次再撕开都尽量等分，这样做可以让同一片头发被拆分数次，能产生堆叠且略显凌乱的效果。如果做不到等分，会有一部分头发仍属于直发的状态，将会影响整体效果。

Point 3
撕拉的深度
每次撕拉都尽量将头发拉到底部，直到不能再拉开为止。当然，随着撕拉的次数增多，再撕开的难度就会更大，这时操作需要慢一些。撕拉深度越深，头发蓬松的形态就会越理想。

头发太直、太顺滑了，撕拉几次还是直的，怎么办？ 还记得我们提过"撕拉、打毛和搓发是必学的 3 种增量技巧"吗？如果撕拉效果不理想，可以用另外两种技巧来辅助。

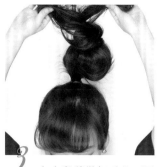

1 头发先来回撕开 1~2 次。如果这时撕拉的效果不太明显，则要考虑采取另一种措施。

2 采用"每次撕开两次就用密齿梳向下梳一次"的方法，加强头发的堆积，增强蓬松的效果。

3 在中段稍微打毛几下再撕拉，效果会更好。

如果想要更蓬松的效果，该怎么做？ 在直发的条件下，撕拉的增量效果是有限的。这时如果能将头发烫卷，就能获得更好的效果。

1 绑好头发后再烫卷。如果想要头发显得更蓬松，则可以用直径较小的卷发棒烫卷。

2 烫卷之后的头发在撕拉过程中很少滑落，这就相当于增加了发丝之间的摩擦力。

3 撕拉完成后将卷曲的发尾稍微拧转 1~2 圈再盘起，这样可使盘出来的发型线条感更好。

如何利用撕拉技巧打造花团头？ 撕拉可以让头发变得微微凌乱和蓬松，做成丸子头绰绰有余，但要升级为拟态花朵的花团头，则还需要一些额外的技巧来帮助。

1 花团头不能太毛糙，因此撕拉前需要在头发上使用少量润发乳。

2 要做花团头，撕拉的次数不能过多，以免头发过于凌乱。一般撕拉 4~5 次即可。

3 盘成圆髻后，需要在各个面抽出若干宽度约 2 cm 的发束。这样花团头就做好了。

打毛手法

打毛是一种蓬发技巧，特别是针对发根软塌、头皮易出油的发质更有效。如果你的头发又细又软，可以通过打毛发根，在不改变头发外观的情况下获得改善。

1 打毛前要将表层的头发挑开。用尖尾梳将头发划分出薄片，并固定在一边。

2 如果头发十分细软，可以在距离头皮约 3 cm 处喷少量的定型喷雾。

3 用尖尾梳从中段开始逆向往下梳，重复数次，令发根变得蓬松。

4 如果要达到蓬松、高耸的效果，可以将头发分成 2~3 层进行打毛。

5 把步骤 1 预留的头发覆盖回去，用尖尾梳轻轻梳顺表面。注意不要梳到打毛过的地方。

6 将外层的头发顺时针拧转 1~2 圈，再用发卡固定，打毛处就定型了。

Point 1
梳子的选择

用密齿梳打毛能获得比较好的效果，而简梳逆向梳理会导致发根打结。

Point 2
打毛的力度

许多人认为需要用力梳发丝才能打毛，实际上这种方式非常伤发。打毛时应该用轻一些的力道，速度要慢，已经打毛过的地方不宜再打毛。

Point 3
避免凌乱的要诀

打毛应当在头发的里层操作，外层的头发需要如常保持顺直。有些打毛过的头发显得非常凌乱、毛糙，原因是没有预留一层覆盖在表面的头发。

鬃角的头发太贴，如何通过打毛的手法来挽救？ 因为鬃角的头发靠近前额和太阳穴汗腺，发根容易被油脂和汗水湿透造成扁塌。如果你的头皮对蓬蓬粉这类蓬发产品过敏，可以适度运用打毛技巧加蓬。

1 用尖尾梳将鬃角的头发梳成薄片，并提拉至不小于 45°。

2 一手抓住发尾，同时将尖尾梳移向头发的背面，从中段向发根打毛 3~4 次。

3 头发放下来之后，用尖尾梳按照发流走向稍微梳整一下表面的发丝即可。

打毛可以和拧转技巧配合吗？ 打毛和拧转技巧是一组好搭档，尤其是处理刘海儿和打造盘发的时候，这组技巧会变得非常好用。打毛增蓬，拧转强化发流，打造富有立体感的造型易如反掌。

1 将需要打毛的头发提高，用尖尾梳梳顺表面，朝前的发丝不需要打毛。

2 将发尾拉直，尖尾梳需放到头发的背面，打毛数次，令发根变蓬松。

3 把头发放下来后，将头发顺时针拧转 1~2 圈，打毛处随即被梳顺表面的头发覆盖起来，最后将其固定即可。

打毛技巧能用在卷发上吗？ 打毛不仅可以用在发根，还可以帮助卷发加强卷度。打毛可以提升卷度，从而使发尾的卷度更加明显。

1 用卷发棒将发尾烫卷，如果用到打毛技巧，则发卷不需要烫得十分明显。

2 抓住每一束头发的发尾，尖尾梳插进发卷的底部慢慢向上推，所有的发卷都用此法处理。

3 发尾打毛之后，用定型喷雾定型，发卷就可以保持较长时间。

搓发手法

搓发可以令发尾间互相摩擦，从而加强发卷的咬合力，让卷度更加明显。搓发必须配合具有黏性的造型产品才能起效。在发尾分叉干枯、不适合打毛的情况下，搓发能使其更加蓬松。

1 将头发分为若干薄片，用中号卷发棒内卷 2~3 圈，让发尾拥有柔和的卷度。

2 用筒梳把发卷从内侧梳开，让发卷变得蓬松一些。

3 用指腹取少量具有亚光效果的造型发蜡并搓开。

4 双手指腹将发蜡搓均匀，注意不要让发蜡碰到掌心。

5 双手呈爪状将整团发尾托起，五指抓拢并慢慢揉开，主要搓发尾，不要搓到发丝中段。

6 发卷被充分揉开后，头发疏密有致，既不会过于蓬松，也不会打绺。

Point 1
集中搓发比分散搓发效果更好

搓发必须集中较多的头发，才能达到饱满、蓬松的效果，因此不要分散搓发，发量适中，所有头发分 2~3 把搓开即可。

Point 2
掌控发蜡的用量

发蜡使用过多，发丝会因过湿而打绺，因此必须控制好用量。指腹黏而不腻的程度较适合搓发。搓发时要确保发蜡被均匀推开，不要反复搓揉同一个地方。

Point 3
搓发的技术要领

当发尾握在掌心时，需要大拇指不断地将发卷向外推开。千万不要把发尾抓在掌心中来回乱揉，这样做只会令头发更加凌乱。

烫发太久，发卷已经变直了怎么办？ 针对发卷已经不再明显的情况，搓发后头发可以马上恢复卷度，因此搓发比打毛更适合干燥的发质。

1 　在恢复卷度之前，需要用密齿梳把头发梳通，否则搓发会使头发更凌乱。

2 　把头发分为两份，用双手包住发尾并均匀揉搓。搓发的同时将头发向上提，达到推高发卷的效果。

3 　如果搓发未能明显地加强卷度，可以用打毛的手法再处理一遍。

如何用搓发手法让刘海儿定型？ 用手指蘸取少量造型产品（如发蜡、发胶），按照刘海儿的摆放方向轻搓发尾，所产生的摩擦力能很好地改善凌乱的刘海儿。

1 　用密齿梳将刘海儿梳顺，发丝通顺后再搓发效果会更加明显。

2 　用食指和拇指蘸取少量发蜡，轻捏发尾，同时往希望刘海儿摆放的方向揉搓，将发尾方向统一。

3 　凌乱的鬓角头发也可以用搓发技巧来改善，同样要往设定好的方向轻轻推。

卷发马尾如何营造蓬松感？ 除了卷发技巧，还需要用手指蘸取少量发蜡，轻轻揉搓卷发，卷度和蓬松度都会有明显加强。

1 　绑好马尾后，用卷发棒从侧面将头发烫卷，注意发尾部分要加强卷度。

2 　用双手指腹蘸取少量发蜡，把马尾提拉之后充分揉搓，让马尾的蓬松度增强。

3 　经过搓发技巧打理的马尾比未打理时更加蓬松、饱满，充满空气感。

内卷手法

内卷手法可以创作出筒状造型。卷筒无论是用作刘海儿还是组成发髻，都是复古风格的必备要素。内卷技巧需要用到卷发棒、发蜡和发卡3种工具，还需用到卷烫和打毛这两种技巧。

1 将需要内卷的头发用尖尾梳梳顺，分成薄片。

2 直发不容易卷成完美的筒状，因此可用卷发棒将头发分片内卷2~3圈，以降低操作难度。

3 为了加强发丝之间的黏着力，可以在发尾处涂抹少量发蜡。

4 将发束拉高，用尖尾梳从内侧打毛，增加蓬松度，加强对发筒的支撑力。

5 用两根手指夹住发尾，用另一只手顺势将发尾往内收，借助先前涂抹发蜡产生的黏性，能轻易将头发卷成筒状。

6 卷成筒状后的头发要向头皮靠近，用发卡从发筒的两侧固定。

Point 1
选取头发的要诀

要成功打造内卷造型，所选发量不宜太多，最好是薄片的样子，以便于逐步内卷聚拢。发量过多则所卷成的内卷不容易固定；发量过少则内卷中空，造型不美观。

Point 2
发尾的黏性

发尾需要带一点黏性才能被轻松塑造成内卷，因此可使用发蜡或者发泥，令发尾在内卷时可以向上黏附，再用发卡固定，就不会发生发尾脱落的现象了。

Point 3
发卷的直径

直径大的内卷造型复古、成熟，直径小的内卷造型可爱、俏皮。需要塑造多个内卷时，一定要先用卷发棒将头发烫出和卷筒直径相符的发卷，这样比起随意内卷的做法更容易做出大小一致的效果。

刘海儿的复古内卷造型该如何操作? 内卷是塑造复古刘海儿常用的一种技巧,卷的圈数不需要太多,关键在于对内卷直径大小的把握。

1 确定刘海儿的方向,往这个方向梳顺发丝并用手指夹成薄片,拉直,备用。

2 两只手指夹住刘海儿发尾,另一只手顺势将发尾卷入内侧,内卷一圈半到两圈即可停下,确定位置。

3 夹住刘海儿的手指不要松开,用2~4个发卡从发卷两侧插入,将刘海儿和内侧发根固定在一起即可。

如何利用内卷手法将长发轻松收短? 编辫内收、内卷内收是长发收短常用的两种实现技巧,如果头发较齐,比起编辫而言,内卷收短更节约时间。

1 先把所有头发在颈部后扎成一条低马尾,要注意绑得松一些,以便于接下来进行内卷。

2 用一只手的两根手指捏住发尾,另一只手顺势将发尾往里收,内卷,直到马尾的捆绑处也被卷进内侧。

3 将头发全部卷进内侧后,用两根手指捏紧发筒,用发卡从内侧把发筒和发根固定在一起。

多个内卷造型的盘发怎么分步实现? 多个小内卷组合在一起就能形成一款乖巧的短盘发。将头发正确分片,再逐片内卷,用发卡串联之后就能轻松达成。

1 将全部头发梳顺之后,将它们横向分为六等份,分别用发卡隔开备用。

2 每一份发束都采用内卷的手法卷成筒状,夹在与耳垂水平的位置上。

3 等6个内卷完成之后,用数个发卡把卷筒连接在一起,即可完成造型。

Chapter 3

通过发型修饰
脸形及头颈

　　面对自身脸形的某些不完美之处时，并不是所有人都能接受整容，相信更多的人渴望通过发型来改变自己。发型的最大作用就是修饰脸部的不足，体现美感。本章将帮助发型师了解各种脸形的优缺点，并提供针对各种脸形的发型方案。此外，本章还提供了修饰头颈部位的发型方案。

常见脸形优缺点分析

脸形是决定发型的重要因素之一，而发型可以修饰脸形。合适的发型可以修饰脸部线条，弥补脸形的不完美。

圆脸形

基本特征： 面部上下的宽度基本相等。上颊到下颌部分丰腴，比较圆润。

优点： 看起来比较可爱，有"减龄"效果。

缺点： 颧骨较宽，下巴及发际都呈现圆形，缺乏立体感，容易显胖。

发型设计： 圆脸形总是让人显得有些孩子气，所以可以设计成熟点的发型，头发要分成左右两部分，而且两颊附近的头发要有些波浪，脸看起来才不会太圆。也可将头发侧分，发量少的一边向内略遮住颊，发量较多的一边可自头顶做外翻的波浪，这样可"拉长"脸形。

菱形脸形

基本特征： 颧骨突出，额头和下颌都比较窄。

优点： 下巴窄，显得脸小。

缺点： 头太尖，会使脸颊显得更宽。

发型设计： 可以将头发堆积在额角或者下巴的位置，两颊略微遮盖一点。重点是对头顶头发的打理，可以用卷发棒稍微烫卷。

方脸形

基本特征： 额头宽，下颌突出，双颊呈直线，感觉脸形是四四方方的。

优点： 脸形轮廓分明，线条感较强。

缺点： 对于女性而言，脸部显得过于硬朗，缺少柔和的美感。

发型设计： 应用发尾内卷来遮盖脸形的明显轮廓，改善脸部过宽的缺陷。侧分可以很好地改变额头的四方形状，并且可以修饰脸部线条，使脸形看起来更加柔和。

长脸形

基本特征：面部纵向距离较大，横向距离较小，看起来比较瘦长。

优点：看起来瘦长，显得比较纤细。

缺点：脸形太长，显得下颌比较突出。

发型设计：用刘海儿修饰长脸，从视觉上缩短脸部的上下距离。要解决脸形过于瘦窄的问题，可通过将两侧头发烫卷来改善，但头顶的头发不能蓬起，否则拉长脸形。两侧的头发要从太阳穴的位置开始做出蓬松的感觉，让脸形更加圆润。

椭圆脸形

基本特征：额头与颧骨比下颌稍宽一点，脸宽约为脸长的 2/3。

优点：椭圆脸形是女性完美的脸形之一，端庄、典雅、清秀，非常符合传统的审美。

缺点：缺乏个性。

发型设计：椭圆脸形无论搭配长发、中发、短发还是卷发、直发都很和谐，重点是不要遮挡住脸部的轮廓，这样就能很好地诠释发型的特点。

倒三角脸形

基本特征：眼睛以上部分比较宽，从脸颊开始变窄，下巴比较尖。

优点：脸蛋小，下巴尖，适合多种发型。

缺点：下巴短，颧骨位置较高。

发型设计：注意对额头和下巴的修饰。刘海儿可以梳齐或偏分，修饰较宽的额头，头发长度以超过下巴 2 cm 为宜，发尾应蓬松、卷曲，呈现出 A 字形。

Before

中长发特别容易显得平凡单调、平贴的刘海儿让人显得沉闷。

After

发型以外翻卷为主，增强了层次感，具有俏皮的效果。

改善圆脸形的发型方案

　　改善圆脸形不一定要用厚厚的头发遮住脸颊，蓬松的中分刘海儿向外翻卷，可增加视觉宽度，使圆脸相对显得娇小可爱。相对于用鬓角的头发遮挡脸部，用以上方式打造出的造型更加大方得体。

1 将右侧的刘海儿烫卷。卷发棒呈斜向45°，将头发向外卷至发根。

2 取旁边的一束头发，用卷发棒水平将头发向外卷至发根。

3 取右侧耳边一束头发，用卷发棒纵向将头发卷至与耳尖等高的位置。

4 取左侧刘海儿中的一束头发，用卷发棒将头发向外卷至发根。

5 从左侧刘海儿中取靠左的一束头发，卷发棒呈斜向45°，将头发往外卷至发根。

6 取左侧刘海儿后方一束头发，用卷发棒纵向将头发向外卷至发根。

7 从头顶取一束头发，在离发根4 cm处用卷发棒夹住，停留5 s，使头顶的头发自然、蓬松。

8 将后面的卷发盘起，用U形卡固定。

9 将手指插入两侧的卷发里，拨松卷发。喷发胶定型，使发型更加持久。

Before

中分长直发在脸颊两侧垂顺平贴，容易使面部的线条感加重。

After

用大弧度的卷发修饰脸形，搭配发饰更显优雅、大方。

改善菱形脸形的发型方案

中分刘海儿并将刘海儿向外翻卷可以修饰菱形脸形，这样可以将颧骨凸出的位置遮挡住。大弧度的长卷发透着知性美，使人显得非常优雅、大方。

1　将刘海儿中分，用卷发棒将左侧长刘海儿倾斜向外卷至太阳穴附近。

2　从头顶取发，用卷发棒在离发根 6 cm 处夹紧，停留 5 s，使头顶的头发自然、蓬松。

3　对头发进行左、右、中、后分区。取左侧的头发，用卷发棒将其水平向内卷至发中。

4　右侧的头发采用与左侧相同的手法处理。取后区左侧的一束头发，用卷发棒将其水平向外卷至发中。

5　将后区的头发均匀地分为 3 份，并用长尾夹夹住。

6　将后区的头发逐片烫卷发尾，放下中区的头发，用卷发棒水平向内卷至发中。

7　左手拉住发尾，用右手两根手指夹住发尾并往上推，使卷发更加蓬松，具有空气感。

8　将双手插入头发里，由发根开始往外拨散，使卷发看起来更加自然。

9　选择一款合适的发箍，戴在发际线稍微靠后一点的位置。

Before

脸颊两侧的头发有丰富的层次，但因发丝硬直，没有起到修饰脸形的作用。

After

不规则的卷发蓬松而活泼，还能修饰脸形。

改善方脸形的发型方案

　　方脸形的问题在于两腮较宽，下巴不够尖。将脸颊附近的头发全部烫卷，可使面部的线条变得圆润，稍显凌乱的中长卷发让原本显得有些严肃的方脸形变得更具亲和力。

1 　将右侧头发分为上下两部分。将下半部分的头发分片用卷发棒向内卷至发根。

2 　取右侧上半部分的头发，分片用卷发棒向内卷至发根。

3 　取右侧脸颊边的一束头发，用卷发棒向内卷至发中。

4 　左侧的头发采用与右侧相同的手法处理。取头顶的一小束头发，用卷发棒卷至发根。

5 　对刘海儿进行处理时，用卷发棒夹起刘海儿，水平向内卷半圈，使刘海儿的发尾微微内扣。

6 　用按摩梳梳松头发，使发卷看起来更加自然。

7 　将手指插入发根往外拨，喷发胶定型，使发型更加持久。

8 　从右侧耳后抽取一束头发并分为两份，交叉拧转成一股。

9 　将拧成一股的头发绕到后脑勺位置，用发卡固定。另一侧的头发以同样的手法处理。

Before

齐肩的直发容易让脸形显得更长。

After

加重发尾的卷烫力度，引导视线往下移。

改善长脸形的发型方案

改善长脸形不一定要用厚厚的刘海儿遮住额头。齐肩头发烫卷发尾，可以加大落在肩部的发尾的体积，自然而然将观者的视线往下引导，使头发显得自然、蓬松。

1　从右侧眉峰位置上方将头发分成大偏分，将刘海儿往左边拉，顺时针拧转成一股。

2　将拧成一股的头发往后绕到头顶，稍微往前推高一点，然后用发卡在拧转的位置固定。

3　将发尾绕成一个发圈，用发卡固定。

4　将剩余的发尾往回绕一个发圈，并将发尾藏在发圈下，用发卡固定，形成一个"8"字形。

5　将后面的头发均匀分成4份，用长尾夹夹住。

6　从左侧的头发开始烫卷，用卷发棒水平向内卷发尾一圈。

7　取下一束头发，用卷发棒水平向外卷发尾一圈。

8　取下一束头发，用卷发棒水平向外卷发尾一圈。

9　取右侧的头发，用卷发棒水平向内卷发尾一圈，使两颊附近的发卷内扣，造型完成。

Before

椭圆脸形与中分长直发
搭配易失去个性，发型设计
应着重展现个性。

After

蓬松的外翻高刘海儿与
卷发结合，可以提升气场。

展现椭圆脸形的发型方案

椭圆脸形是最不挑发型的脸形，无论是长发、短发，还是卷发、直发，都能体现出美感。所以应尽可能把脸展现出来，以突出这种脸形协调的美感。

1 将左侧头发分成不均等的 3 份。

2 取鬓角处的一缕头发，用卷发棒每次卷一个波浪，依次往下卷。这样卷出的发卷弧度小，比较自然。

3 取左上方一束头发，用卷发棒纵向卷至发根，注意卷出的发卷弧度应较小。

4 取左侧刘海儿上方的一束头发，用卷发棒向内卷至发根。将剩下的头发按此手法依次烫卷。

5 用右手拉住发尾，用左手手指夹住发尾往上推，使发卷变得更加蓬松、自然。

6 抓取刘海儿及头顶的头发，用密齿梳在靠近发根的地方打毛，并将头发表面梳顺。

7 将刘海儿整理好后稍稍往左前方推高，并用发卡将发尾固定好。

8 用手指将发卷轻轻撕开，营造出一种自然卷曲的效果，使头发蓬起来，增强空气感。

9 用手指由发根向外拨，喷发胶定型即可。

Before

直发往往因为不够蓬松
而使脸部的缺点更明显。

After

将发型做成猫耳的形
状，可以使人更具俏皮感。

1 将头发分为上下两区。将下区的头发平均分为左右两束，刘海儿采用中分方式处理。

2 选取下区右侧的头发，用卷发棒水平向外卷至肩线上方的位置。

3 用手托起发卷，稍加整理，使发卷看起来富有弹力且更加有形。

4 选取下区左侧的头发，用卷发棒水平卷至肩线上方的位置。

5 把上区的头发放下，选取右侧一束头发，用卷发棒水平向内卷一圈。

6 取上区左侧一束头发，用卷发棒水平向内卷一圈。

7 抽取左侧一束长刘海儿，将其绕到后脑勺处，轻轻往前推，形成一个自然的发包，用发卡固定。

8 同样抽取右侧一束长刘海儿，将其绕到后脑勺处，轻轻往前推，形成一个发包，用发卡固定。

9 选一个自己喜欢的发卡，将其固定在两侧刘海儿交叉的位置，造型完成。

Before

棱角分明的脸形千万不
能采用直长发造型。

After

将发尾烫卷，让脸部线
条变得柔和。

改善多棱角脸形的发型方案

多棱角脸形不用刻意避免展露额头，可在卷发后进行蓬松处理，利用头发的卷
度来柔化脸部的线条。搭配一些发饰会令发型更加完美。

1 用小号卷发棒对右侧刘海儿区的发根进行局部烫卷。

2 将头发分成上下层，先将上层头发向内卷烫至发中。

3 卷发棒与水平面呈45°，向内卷刘海儿一圈半。

4 左侧刘海儿区也采用同样的手法烫卷。卷发棒停留时间不要太长，烫出弧度即可。

5 下层头发采用向外卷的方式，用卷发棒斜向45°外卷一圈半。

6 依次向外卷好所有头发，用手轻轻撕拉发尾。

7 一只手拉着发尾，另一只手轻轻将头发往上推。

8 将烫卷后的刘海儿向上绕，折出一个弧度，用发卡固定。

9 戴上一个甜美风的发箍，调整好位置。

Before

如果额头较宽，则不适合采用完全展露额头或侧分刘海儿的发型。

After

中分发型可修饰额头，垂落的卷发可增添柔美感。

改善倒三角脸形的发型方案

倒三角脸形的客人会因颧骨向两侧凸起而使面部显宽。建议尝试用中分长刘海儿修饰颧骨，可从视觉上拉长脸形，使脸形变窄，让人显得更加纤瘦。

1 梳理头发，取右侧刘海儿，用卷发棒水平向内卷2~3圈，使其形成内扣的发卷。

2 将头发分为若干等份，全部向内烫卷。

3 从头顶抽取一束头发，用卷发棒从发根附近开始水平往后烫卷，使头顶的头发自然、蓬松。

4 平持卷发棒，将后面的头发分片向内烫卷，使发尾的发卷更饱满。

5 为了使头发更伏贴、匀称地放在胸前，可以将头发往前方拉。

6 卷烫的时候可将卷发棒倾斜一定的角度，以使发卷更加明显。

7 靠近脸颊的长刘海儿也采用内翻卷手法烫卷，注意两侧烫卷的高度要一致。

8 为了使发卷更加蓬松、立体，可用一只手拉好发尾，用另一只手的手指夹住发尾，手背朝上将发卷向上推。

9 整理一下飞出的发丝，将发箍戴在发际线稍微靠后的位置即可。

Before

高颧骨的客人不宜采用
长直发。

After

此款头顶的发型设计能
有效修饰高颧骨脸形。

改善高颧骨的发型方案

通过遮盖的方式修饰高颧骨并不是最佳方案，应该通过视觉转移弱化高颧骨的
存在感。通过不对称、有主有次的发型吸引观者的视线，或者通过发型拓宽上庭，
使重心下移，以修饰高颧骨脸形。

1 卷烫背面表层的头发时，将卷发棒倾斜45°向外卷至头发根部，让发卷弧度更加自然。

2 处理背面底层的头发时，将卷发棒水平向内卷，使发卷更加明显。

3 按照表层倾斜外卷、下层水平内卷的规则，将背面剩下的头发全部烫卷。

4 烫卷侧面的头发时，将卷发棒倾斜卷至与太阳穴水平的位置。

5 将耳朵后面的头发拉出，用卷发棒纵向向后翻卷2~3圈。

6 将厚重的刘海儿分层，将发尾向内卷半圈，使其形成自然内扣的弧度。

7 用一只手拉住发尾，用另一只手的手指夹住发尾，手背朝上，将发卷推高，使发卷更加蓬松、立体。

8 从头顶两侧取等量的两束头发，将其逆时针拧转。

9 将两侧拧成的发辫往后绕，在头顶靠后的位置用发卡固定，形成一对可爱的猫耳造型。

Before

中分的刘海儿不够长，容易显得发型呆板。

After

将刘海儿保留可以修饰额头，半盘发的设计露出两颊，显得清新、自然。

修饰宽额头的发型方案

针对宽额头的客人，可以通过塑造蓬松、中空的刘海儿来修饰额头线条，同时这种发型能够改善脸部线条，从视觉上缩小脸形。

1 抓取刘海儿及顶区的头发，用尖尾梳打毛。

2 将打毛的头发表面梳顺，从两侧取两束头发，在后脑勺处交叉，用皮筋绑好。

3 将扎好的头发做成一个蝴蝶结的造型，用发卡夹好。

4 将剩下的头发分为两份，分别置于胸前，用卷发棒将头发水平向内卷至发中。

5 将刘海儿中分，用卷发棒倾斜向内卷发尾半圈。

6 将刘海儿后侧作为点缀的头发，用卷发棒向内卷两圈。

7 用手轻轻撕开发卷，喷发胶定型。

8 用手轻轻揉搓发卷，让发胶均匀地沾到头发上。

9 分别按逆时针方向将两侧的头发拧转并拉长，使发卷弧度更加自然，造型完成。

Before

长直发不能修饰脸形。
要修饰腮部，就要重点打造
发尾。

After

在发尾打造螺旋卷，使
螺旋卷自然散落于两肩，达
到修饰咀嚼肌的效果。

修饰咀嚼肌的发型方案

螺旋卷造型给人弹性十足的感觉。将卷发全部置于胸前位置能够很好地修饰咀
嚼肌，同时要注意对刘海儿进行蓬松处理。整个发型能够体现出日系风格的可爱感。

1 选取右侧一束头发，用卷发棒向内将其卷至发根。

2 将侧面的头发往前方拉出，用卷发棒纵向向内卷 2~3 圈，使发卷更有层次感。

3 将所有的头发都向内卷，注意发卷方向要一致。

4 检查是否有直发。若有直发，则挑出来重新烫卷，使螺旋卷更加完美。

5 将刘海儿三七分，将卷发棒倾斜，顺着较少刘海儿的方向轻拉，使刘海儿分界线更加明显。

6 梳理发量较多的刘海儿，用卷发棒水平向内卷发尾半圈，使发尾形成自然内扣的弧度。

7 用按摩梳梳散发卷，使发卷看起来更加自然。

8 用手抓松发卷，增强发卷的空气感和蓬松感。

9 将兔耳发带从两耳后侧穿过，拉到头顶交叉，在偏左侧的位置打结，压低"兔耳"即可。

Before

直发容易使下巴显得更胖，使脸部显得更圆。

After

大弧度的中分卷发能最大限度地修饰胖下巴。

修饰胖下巴的发型方案

　　胖下巴容易使脸显得短而圆，适合采用中分发型。另外，需要把头顶的头发打造得蓬松一些，并利用一些发饰增添发型亮点，让人自然地忽视胖下巴。

1 　将头发梳顺，用尖尾梳挑出刘海儿。

2 　将卷发棒稍微倾斜，将刘海儿向内卷2~3圈。

3 　选取左侧上方一束头发，用卷发棒水平向外翻卷头发至发根。

4 　继续抓取适量的头发，用卷发棒将其水平向内卷至发根。按不同方向烫卷，使打造的卷发更加蓬松。

5 　将头发分为上下两区，将下区的头发分为4份，用发卡固定分区。用卷发棒将左侧的头发水平向内烫卷。

6 　烫卷下一份头发，使发尾卷度更饱满。

7 　将下区的头发全部烫卷。将太阳穴水平线以上的头发往后抓，扭转2~3圈后将其推高，形成一个发包，用发卡固定拧转处。

8 　用尖尾梳轻轻将发包挑高，使其饱满且左右对称。

9 　将珍珠发箍戴在刘海儿与发包分界的位置，造型完成。

Before

长直发让侧边刘海儿变
得扁平，容易显得毫无个性。

After

大偏分刘海儿既蓬松又
有线条感，胸前、背后都有
搭落的卷发进行修饰。

修饰颈部的发型方案

发型种类繁多，分界线划分自然也应该是多样的。为了修饰颈部，不宜让所有的头发散落在胸前。蓬松的大偏分刘海儿搭配不规则的卷发，两侧卷发自然地搭落于胸前和背后，显得个性十足。

1 两侧的头发分别用卷发棒斜向烫卷。

2 从右眉峰处将刘海儿做成大偏分。

3 将卷发棒斜45°放置，将右侧的一束头发向外卷一圈半。

4 选取右侧的另一束头发，用卷发棒向内卷一圈半。采用内外交错的卷发方式可以使发卷更蓬松。

5 采用向外翻卷的方式处理刘海儿，使卷发在脸颊处形成一个自然外翻的弧度。

6 将刘海儿向上拉起，用卷发棒夹住5 s，使刘海儿自然蓬起。

7 将手指插入头发中，由内往外拨，喷发胶定型。

8 用一只手拉住发尾，另一只手将发尾往上推，使发卷充满空气感。

9 把发量少的那一侧的头发往耳后拨，然后用发卡将其固定住，造型完成。

Before

直发不易打造出蓬松
感，容易使后脑勺显得扁平。

After

将头发进行大弧度的外
翻卷，可增强蓬松感。

修饰后脑勺的发型方案

　　将烫好的卷发全部堆积在后脑勺处，形成一个圆弧形，这样能最大限度地修饰后脑勺。扎一条低马尾，让后脑勺处的头发变得集中进而显得饱满。这是一款能够提升气质的发型。

1 用卷发棒将偏分刘海儿向外翻卷至发根。

2 将头发分为上下两区。先对下区头发进行卷烫，用卷发棒将其水平向内翻卷 2~3 圈。

3 从头顶开始采取交叉卷烫的方式卷烫上区的头发，使头发更加蓬松。

4 卷烫时，适当将头发拉高后再烫，以使发卷向上收缩。

5 每份头发卷烫的时间都应略久一些，让卷度更加明显。

6 将手指插入头发里，拨松发卷，喷发胶定型。

7 喷发胶时要注意离头发稍远一些，由上往下喷，使发丝均匀地沾上发胶。

8 将双手插入后脑勺的头发中，使卷发往中间聚拢。

9 将头发整理好，将头发处理成一个低马尾，戴上发饰，造型完成。

Chapter 4

必备神器——
假发片

假发片是造型中常见的小工具之一，它最大的优点
在于能够在不伤害发质的前提下呈现丰富的造型，而且
能与真发结合，形成自然、真实的效果。运用假发片是
在基础手法上的升级技艺，除了能解决发量不足的问题，
还能为造型增加多变性。

圆脸形头顶加蓬速成小 V 脸

圆脸形不一定非要用厚厚的刘海儿和鬓发遮挡发胖部位，实际上这种做法反而不利于突出优点。顶区是圆脸女性头发的薄弱区，加蓬这里或者将头发高度集中在这里的发型都能让人看起来更可爱。

圆脸 **1**

大部分头发划分为刘海儿和鬓发，这导致顶区头发扁塌，脸看起来更圆了。

在这里加上假发片 **2**

假发片可以直接扣在顶区或者斜扣在前额上方，刘海儿斜分，使头顶加蓬，圆脸形就能获得让人眼前一亮的效果。

3 完成

弧形线条会让圆脸的扩张感消失，流线感的发型还能增强利落感，给人以清新的感觉。

圆脸形这样用假发片

将假发片用在顶区，可以增大顶区头发的厚度。尽量避免将假发片用在以双耳连接线以下的位置，因为重心较低的发型会让圆脸看起来更胖。

圆脸形禁忌

圆脸形的女性不宜留太长的头发，要避免用假发片接长头发。

长脸形增厚眉线平行区更显可爱

　　长脸形绝对不适合两鬓过薄的发型，也不适合过直的头发，因为垂坠的头发会使脸显得很长。长脸适合丰盈又略带卷度的发型，将假发片整烫过后贴在眉线平行区会增添可爱感。

长脸　1

　　长脸形且发量较少的女生，头发贴面、鬓区过薄会给人无精打采的印象。

2 在这里加上假发片

　　无论做什么发型，一定要增厚鬓区的头发。以眉毛的水平线为基准加宽头发，会使脸变得窄小而秀气。

完成　3

　　两侧鬓区加宽后，过长的脸形会显短，脸形不再显得很中性，而是变得相当可爱了。

长脸形这样用假发片

　　假发片接在侧面，适用于侧面发辫、侧面发髻、侧面盘发等不对称发型。这样会使视觉焦点落在宽度上，削弱长度带来的刻板感。

长脸形禁忌

　　和圆脸的发型禁忌相似，长脸形也不宜用假发片再延长头发。同时也不适宜增高头顶的头发，重点在顶区的发型会让长脸看起来更中性，比例失衡。

方脸形加蓬额角两侧让方脸变圆润

方脸的困扰是额角、颧骨及腮角3个位置都比较突出，颧骨和腮角可以通过彩妆调整，额角的处理就显得相对棘手了。

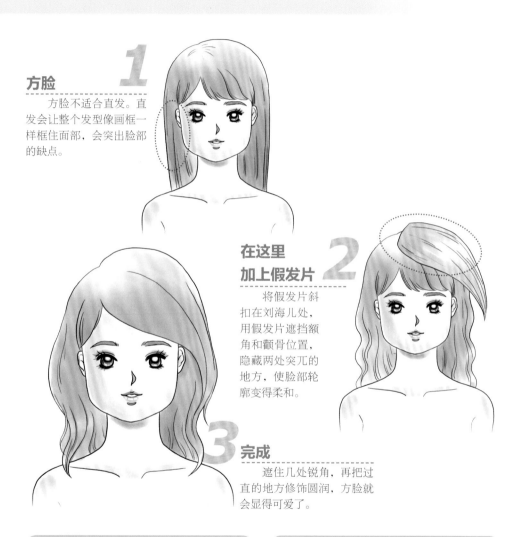

方脸

方脸不适合直发。直发会让整个发型像画框一样框住面部，会突出脸部的缺点。

在这里加上假发片

将假发片斜扣在刘海儿处，用假发片遮挡额角和颧骨位置，隐藏两处突兀的地方，使脸部轮廓变得柔和。

完成

遮住几处锐角，再把过直的地方修饰圆润，方脸就会显得可爱了。

方脸形这样用假发片

方脸形的问题不外乎额角、颧骨和腮角突出，在这些突出区域扣上有一定弯曲度或者线条比较圆润的假发片，有助于产生柔和感。

方脸形禁忌

不建议方脸形采用线条太直的发型，假发片接入的时候最好也卷烫一下，线条太单一的发型无异于将脸形缺点全部突出出来。

倒三角脸形加蓬耳后区实现丰颊

倒三角脸形的困扰是下巴比较短、腮线凌厉、脸形上大下小，显得人比较含蓄、内向。若要将其改变成福气满满的"好运脸"，必须增加耳后的发量，以起到丰颊的作用。

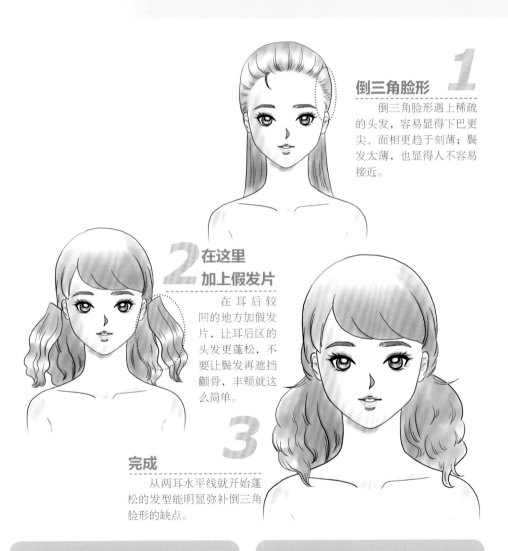

倒三角脸形 1

倒三角脸形遇上稀疏的头发，容易显得下巴更尖、面相更趋于刻薄；鬓发太薄，也显得人不容易接近。

2 **在这里加上假发片**

在耳后较凹的地方加假发片，让耳后区的头发更蓬松，不要让鬓发再遮挡颧骨，丰颊就这么简单。

3

完成

从两耳水平线就开始蓬松的发型能明显弥补倒三角脸形的缺点。

倒三角脸形这样用假发片

将发型最厚重的地方或者发型的重点放在耳垂的位置。假发片固定位置的重心低一些，有助于改善倒三角脸形上重下轻的比例结构。

倒三角脸形禁忌

不建议倒三角脸形的人选择重点位置较高的发型，特别是上面比例较大、下方比例较小的马尾和发辫发型，否则都会加强倒三角脸形上重下轻的不协调感。不可将假发片垫得过高。

椭圆脸形加蓬颧骨两侧缩短长脸

椭圆脸形本属于非常容易造型的脸形，但是也有上庭或者下庭过长的困扰。要解决这个难题必须注意让中庭成为焦点，这样才能成功地转移视线。

椭圆脸形

椭圆脸形曾被认为是最标准的脸形，但如今人们的审美产生了变化。发型重心太低、古板的刘海儿和老套的长度都使得椭圆脸形和新潮毫不搭边。

在这里加上假发片

颧骨位于人脸的中庭位置，用假发片加宽颧骨水平区头发的厚度，可以使过长的脸形显短，也会使人显得更年轻。

完成

加假发片可以增添厚度，使得颧骨区变圆，中间的比例变大，再加上妆容的配合，可从视觉上缩短椭圆脸形。

椭圆脸形这样用假发片

如果你希望头发蓬松一些，记得一定要改变颧骨水平区头发的厚度。切忌这个区域的头发又干又扁，这会让脸形显得过长。

椭圆脸形禁忌

不要将头发的重点放在头顶或者肩膀位置；相反的，椭圆脸形更适合耳垂以下就收窄的盘发或短发。

多棱角脸形加贴假发片弱化棱角

过瘦的人可能会为脸部的棱角发愁，额角、眼眶骨、颧骨、腮角及下巴都可能让人显得骨瘦如柴、个性冷漠。发型虽然不能改变骨骼架构，但是能通过光影效果和线条改变人的外部形象。

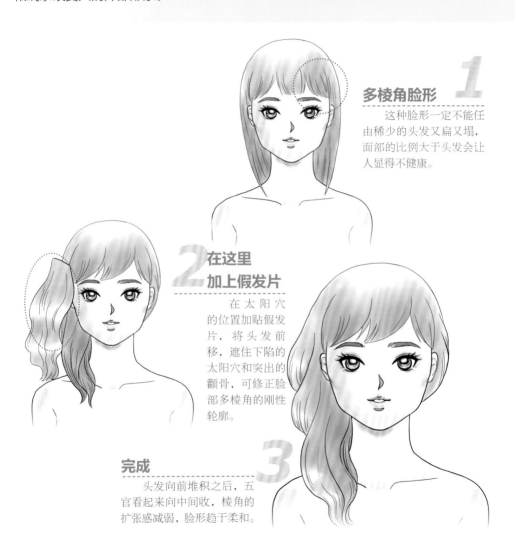

多棱角脸形 1

这种脸形一定不能任由稀少的头发又扁又塌，面部的比例大于头发会让人显得不健康。

2 **在这里加上假发片**

在太阳穴的位置加贴假发片，将头发前移，遮住下陷的太阳穴和突出的颧骨，可修正脸部多棱角的刚性轮廓。

完成 3

头发向前堆积之后，五官看起来向中间收，棱角的扩张感减弱，脸形趋于柔和。

多棱角脸形这样用假发片

使用假发片时，一定要让太阳穴位置的头发蓬松、自然，并且要用恰到好处的发量遮盖一下，不要将太阳穴处的头发全部往后梳，这样会更突出多棱角脸形的缺点。

多棱角脸形禁忌

多棱角脸形不适合中性风格的短发及外翻卷发。当然，你有自己的个性装扮计划除外。

后脑勺扁平用假发片打造饱满头形

后脑勺扁平会给人以头发很少的错觉。8 cm 宽的假发片是最适合用在后脑勺区的，能均匀、不着痕迹地补充这个区域的发量。

后脑勺扁平 1
后脑勺扁平会给人以驼背的错觉。

在这里加上假发片 2
两眼对应的后脑勺位置之上 5 cm 是加假发片的最好位置，能令后脑勺呈现饱满、自然的弧度。

3 完成
饱满的弧度出现了！假发片的加入弥补了头部后区发量不够的不足，发型重心后移，能产生脸显小的效果。

后脑勺扁平这样用假发片
可以将假发片打毛几下或使用蓬发产品后再接扣；真发太稀疏就会露出假发片，可以将假发片接扣在发根比较浓密的地方。

后脑勺扁平禁忌
后脑勺扁平不适宜做把发根拉得很紧的发型，如紧绷的马尾、丸子头及盘发，这些发型都会暴露头部的缺点。

头顶扁平用假发片塑造圆弧头形

头顶扁平很难维持发型的蓬松,顶区的发量往往很少,因此特别考验处理手法。你知道应该把假发片接在哪里吗? 刘海儿后分线往后 1 cm 就是接假发片的最佳位置。

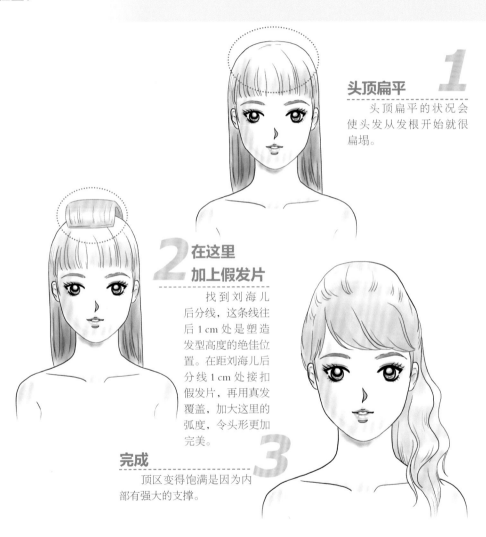

头顶扁平 1

头顶扁平的状况会使头发从发根开始就很扁塌。

2 **在这里加上假发片**

找到刘海儿后分线,这条线往后 1 cm 处是塑造发型高度的绝佳位置。在距刘海儿后分线 1 cm 处接扣假发片,再用真发覆盖,加大这里的弧度,令头形更加完美。

完成 3

顶区变得饱满是因为内部有强大的支撑。

头顶扁平这样用假发片

可以将假发片烫出大弧度,接在顶区,并隐藏好接口。还可以做一些半盘发,加高顶区的造型。

头顶扁平禁忌

头顶扁平不适合重心太低或将头顶的头发拉得太紧的发型,否则失去蓬松感就会令扁平的头顶暴露于人前。

"假发片＋发箍" 固定顶部头发

针对头顶区域发量较少的客人,假发片可能不能接得太牢固。但不用担心,加一个发箍就能免去假发片脱落的烦恼。

Side

将假发片烫卷后用在头顶,可以以假乱真。

1 在头顶最凸出位置的前方分出一条 8 cm 长的分界线,前面预留的发量用于覆盖假发片。

2 将假发片平整地扣在发根处,使头顶的发量明显增多,然后用前面的头发覆盖假发片。

3 以两耳经过脑后连线为界,将线上的全部头发在后脑勺处向内拧转并向上轻推。

4 用 3~4 个发卡夹在拧转处,起固定的作用。此处真假发已经能完全融合在一起了。

5 戴上发箍,并使发箍正好挡在真假发接驳的地方。

6 拉松发箍前方的头发,以使额头显小、脸形显长。

"假发片 + 小边夹" 保持刘海儿形状

在刘海儿处加入假发片，会产生假发片不好固定的情况。小边夹的作用是让假发片能更好地保持形状，遇风不易凌乱。

Side

假发片具有光泽感，用作刘海儿再恰当不过了。

1 用直径为 28 mm 的卷发棒将所有头发烫卷。上卷高度最好在颧骨水平线上，这样修饰脸形的效果最好。

2 用卷发棒将刘海儿烫出轻微的卷度。卷发棒停留的时间不要太长，使发卷略卷即可。

3 斜分刘海儿。预留一层足够厚的头发，用于掩盖假发片。

4 将分好的刘海儿梳整、压平，遮盖一点额角，能起到修饰脸形的作用。

5 沿着分好的界线扣上假发片。此时假发片的末端最好已经烫出了一点卷度。

6 在假发片上盖上一层真发，在眉尾处夹上一个小边夹作为装饰。

"假发片 + 蝴蝶结" 隐藏真假发色差

当我们需要做一些位置比较低的发型时，可能会遇到发量不够或者头发的长度不够的情况。这时可以接上假发片，然后在假发片和真发有色差的地方别上一个蝴蝶结即可。

Side

头发太少的人可以用大号蝴蝶结来遮盖接假发片的地方。

1 将头发分成不均等的左右两份，在较少的一份头发里扣上假发片。

2 将两份头发都编成每股均等的三股辫。注意尽可能地让假发和真发混编在一起。

3 把辫子的每股发束稍微拉松，呈现蓬松、自然的效果。

4 将发量较多的发辫在后脑勺处拉高，末端内折并藏进头发里，用发卡固定好。

5 将另一条发辫和前一条发辫交叉，也将末端内折并藏好，同样用发卡固定。

6 找到接假发片的位置，戴上蝴蝶结。

"假发片 + 头花" 隐藏枯黄发尾

有时想要打造卷度优美且发长也足够的低马尾发型，但客人的发尾既分叉又枯黄，很难打造出完美的效果。选择用假发片把发质差的部分遮盖起来，就能轻松解决此问题。

1 预留出一些刘海儿，以修饰脸形。

Side

头花不仅能让假发片更牢固，还能突出低马尾的柔美感。

2 将预留出的刘海儿烫卷。卷发棒停留时间不要太长，使发卷略卷即可。

3 从头部后区右侧向左耳下方编加股辫。每一股头发尽量编得松一些，使后脑勺处的头发显得饱满。

4 隐藏假发片的最佳位置是耳朵后面，这里可以先用一个小皮筋将头发绑成一条低马尾。

5 直接用假发片将真发包裹起来，让真发藏在假发片的里面。

6 在真假发相接的地方绑上头花，并将预留的刘海儿末端也一起绑好。发型完成。

"假发片 + 发插" 加强发型丰富感

在所有发饰里面，发插插入头发的深度是最大的。如果要做出结构比较复杂的发型，而头顶的发量又不够，则可以借助发插来完成。

1 从刘海儿处抓取一片宽度不少于 8 cm 的发片，将其梳顺并向左侧压平。

2 将假发片扣在刘海儿的根部，并确保假发片表面有一层真发覆盖，以起到遮盖的作用。

Side

发插不会"吃掉"大量的头发，比发卡更好用。

3 将假发片和真发抓在一起，分为三等份，每份拧转成股后按照绳结的系法打结贴到额头上，用发卡固定。

4 将各份头发固定在一起，尽量让它们紧贴在一起，形成一个复合的发髻。

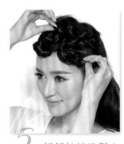

5 轻轻拉松发髻上的每一股头发，使其变得蓬松、立体，形成类似花朵的造型。

6 在发髻后侧插上发插。造型完成。

096

"假发片 + 发抓" 撑起马尾

发抓不仅可以将假发片和真发牢牢固定在一起，还能撑高头发，特别是发抓用在后脑勺时能修饰脸形，当然也能节省造型时间。

1 将头发中分，获得发量均等的两份头发。将发蜡在头发表面抹开，以减少碎发。

2 将每个侧面的头发再抓成两份。

Side
假发片填补了后脑勺处发量的不足，让女性显得动人。

3 将头顶的两份头发分别向中间拧转、推高，并用发卡固定拧转的地方，做出两个对称的小发包。

4 两鬓的发束也向中间拧转。用指腹蘸取发蜡，防止发束在拧转时散落，用发卡固定发束。

5 将8 cm宽的假发片烫出一些发卷，将其对折成4 cm，并固定在半盘发的正下方。

6 用发抓将真假发全部"抓"在一起，并使假发尽可能地在后脑勺处展现出好看的弧度。

"假发片 + 发绳" 打造饱满丸子头

发绳是打造丸子头的绝妙工具，而头发稀疏不利于打造饱满丸子头。加入假发片能让发量变多，让丸子头显得圆润饱满。

1 预先将真发发尾烫卷，并将头发扎成一条基本的高马尾。

2 将假发片展开，绕马尾一周，把马尾完全包裹起来。

Side

这个饱满、高耸的丸子头发型真的很简单，这不是说大话！

3 将发绳绕2~3圈，将假发片和真发绑在一起。

4 假发片和真发合拢后分为均等的两份，然后将两股头发交叉绕在一起，直至发尾。

5 以马尾的捆绑处为中心，将绕好的头发盘绕至发尾，发尾绕进根部，用发卡固定。

6 拉松丸子造型的部分发束，使其更圆润、蓬松。调整造型，以与客人的脸形相协调。

"假发片 + 弹簧夹"为头发定型

弹簧夹不仅能牢牢固定假发片，还具有不错的支撑力，对不喜欢在造型中使用定型发胶的客人来说，这种有定型和支撑效果的发饰确实是不错的选择。

1 用尖尾梳在头顶分出一条长度超过 8 cm 的分界线。

2 将假发片扣在发根处，并用真发盖好。这时头顶的头发就显得饱满了。

Side

在佩戴弹簧夹前，可将假发片烫好，这样会令后面造型变得更轻松。

3 以两耳经过脑后的连线为界，将上半区的头发在右侧绑一条比较松的马尾。注意将马尾用发圈绑好。

4 抓住马尾的末端，将其从上面的头发中穿过，往下拉，形成一个小发髻。

5 将下半区的头发预留出一些鬓发，将剩下的头发窝起发尾，用发圈扎好。

6 把头发向上拉并用发卡固定在步骤 4 做好的小发髻上，戴上弹簧夹。造型完成。

利用假发片加厚刘海儿

如果刘海儿太稀疏，无法呈现更多样的发型，那么可以将假发片从头顶接入，让刘海儿变得丰盈起来，再通过造型手法在刘海儿上呈现花样。

Side

刘海儿不够长、不够厚没关系，可以借助假发片来改善。

1 用密齿梳在头顶分好发线。

2 将假发片固定在发线处。

3 将假发片后面的一片头发往前梳，盖住假发片。

4 取一束头发，拧转3~4圈，绕至后脑勺处固定。

5 右侧刘海采用与步骤4相同的手法处理。

6 将左侧鬓角处的头发在左耳后固定。右侧鬓角处的头发拧转后固定到后脑勺处。喷定型喷雾，造型完成。

利用假发片丰满发尾

充满女人味儿的卷发要用较多的头发才能完成。那么，稀疏、枯黄的头发就无药可救了吗？然而并不是，可以接入假发片，使头发更丰盈。只要做出简单的弧度，美感就自然流露出来了。

Side

头发不够长或是发尾比较稀疏，都可以加入假发片来增加发量。

1 取一片头发，在左侧耳后扎一条低马尾。用手调整一下马尾，使其蓬松。

2 从马尾右侧抓适当发量的头发，拧转后盖好马尾的捆绑处，将皮筋隐藏起来。

3 将假发片的两个扣夹分别固定在马尾上，让它包裹住马尾，起到增加马尾发量的作用。

4 将马尾连同假发片一起编成随意的发辫，并拉松每一节发辫。

5 握住发辫的中段，顺势向上绕卷，将发尾团进耳后的头发里，用发卡固定并藏好。

6 调整发型，务必让头发完美地覆盖住接入假发片的地方。

利用假发片加粗辫子

在发尾的发量相对较少的情况下，编发呈现的效果会显得不协调。想要进行编发造型，可以加入假发片，让发尾与发中的发量一致，这样编出来的发辫会特别具有立体感。

1 以耳朵的斜切线为界，将头发分好，夹好备用。

2 在头顶挑出一层头发（用于遮盖假发片），分界线要向右下方倾斜，以便将假发片固定在分界线下方。

Side

加入假发片的侧发辫纹理特别丰富。

3 将假发片和真发混合并分成3份，编成三股辫，注意各股发量要均匀。

4 将步骤1预留的刘海儿区头发分为两等份，以两股拧绳的手法编成两股辫。

5 将编好的两股辫向后拉。

6 将两辫的发尾固定在后脑勺处。将三股辫向两侧拉松，以增粗发辫。发辫松一些，效果更加自然。

利用假发片增大头发体积

在打理造型时，发型师会遇到不少难题。例如，发质细软容易让造型变塌；用吹风机吹发会让发型凌乱如杂草。假发片因为材质关系不会吸湿，所以比真发更能保持造型。可将假发片包在外围，在喷定型喷雾时避免真发承受直接伤害。

1 扎一条高马尾。注意要用韧性比较好的皮筋来固定。

2 将假发片扣在马尾的根部，并把之前绑皮筋的地方遮住。

Side

头顶加入假发片，让发型变得蓬松而有形。

3 在真发中抓出一缕头发，在马尾根部绕几圈，并用发卡固定，起到遮挡假发片、发卡及加固马尾的作用。

4 将马尾向右侧下压，用2~3个发卡固定出第一个曲度。

5 马尾顺势往顶区移，再用2~3个发卡固定出第二个曲度，使马尾呈波浪形固定在头顶。

6 马尾略带卷曲的发尾自然地挂在右侧，摆出自然、唯美的造型并用定型喷雾定型。

利用假发片增强层次感

　　分散在双肩的蓬松卷发能够达到收窄脸形的效果。如果客人的发量不足，很难打造出蓬松感，那么加入假发片就可以让卷发丰盈起来，使发型更有层次感。

1 将刘海儿以鼻梁延长线为界中分。头发的表面用密齿梳梳顺，涂抹少量润发乳。

Side

搭落在双肩的蓬松卷发让脸形显小，使发型更具层次感。

2 在左侧、上方、右侧各分出适量的头发。

3 将假发片水平扣在后脑勺上方，并使发片的尾端和真发的发尾齐平。

4 右侧的头发要紧贴侧面编成三股辫，左侧的头发采用同样的方法打理。

5 将两条发辫在后脑勺处合拢并绑在一起。

6 可用发卡遮盖绑皮筋的位置。为了防止发辫移位和假发片松脱，可以在左右两条辫子上各固定几个发卡。

利用假发片丰满后脑勺

侧披发的美感是通过脑后饱满圆润的弧度体现的，对于头形不是特别完美的人，用假发片填充这一部分的发量，能让人显得精神、利落，不会让发型显得单薄。

1 将刘海儿按照 3：7 的比例分开，梳顺后用发卡夹好，备用。将后面的头发分为上下两部分。

Side 混合了假发片的侧披发令发型更完美。

2 将左侧的头发编成一条三股辫，要留出 10 cm 的发尾后绑好。

3 将右侧的头发分成前后两等份后分别编成三股辫，同样预留 10 cm 的发尾。

4 左右一共 3 条发辫，将其在后脑勺凹下去的地方固定好。

5 从后面上半部分头发中分出一层，遮住发辫。

6 将假发片接好，放下后面上半部分头发，将头发拨到右侧肩头，造型完成。

利用假发片增多顶区发量

头皮油脂分泌过旺、肾脏功能不佳、思虑过度或压力大而导致的头顶头发稀疏，会让人显得衰老。可以利用假发片增多顶区发量，改善不足，同时这也是让头发变蓬松的秘诀。

1 用直径为 28 mm 的卷发棒将所有头发的发尾烫卷。注意卷度要和假发片整烫的卷度一致。

2 前额预留出一片宽度大于 8 cm 的发片，以备遮挡稍后要扣上去的假发片。

假发片解决了头顶发量少的问题。

3 用手捏住假发片两端，将其扣在顶区。

4 以两耳最高点的水平连接线为界，将上半部分的头发连同假发片向右梳顺。

5 将发尾卷成筒状，用发蜡增加黏度，然后用几个发卡将上卷的头发固定在右耳上方。

6 用手将额前的头发向后梳，并同步用定型喷雾定型。

利用假发片增加多变性

真发互相摩擦会产生静电，使发卷无法长时间保持松散的状态，很容易打缕。在这种情况下，可以把让头发显得蓬松、飘逸的任务交给假发片，因为现今的假发很多是防静电的。

1. 将发尾全部烫卷。烫卷时不要一次卷太少的头发，因为卷度不一致会使头发更容易打结。

2. 先将顶区的头发打毛，让这部分头发蓬松，以便做成一个发包。

Side

侧边的头发既像马尾又像发辫，发型设计不再单一。

3. 以两耳最高点水平连接线为界，将头发分为上下两份。将上半区头发平均分成左右两份，然后将假发片扣在左半区头发的下方，将左边头发放下，遮盖好假发片。

4. 右半区头发不动，将剩余的头发拢至右耳下方，用皮筋扎成低马尾。

5. 用少许发蜡将顶区和右半区的头发抓顺、合在一起，编成疏松的三股辫备用。

6. 将发辫顺势放在右耳后，尾端绕在低马尾的捆绑位置，遮挡皮筋。这款发型便完成了。

利用假发片编三股辫

造型前先把假发片编成普通的三股辫。三股辫在造型中可当作发箍来使用，与真发结合起来更能凸显发型的立体感。这样既可以遮挡头发比较稀疏的地方，也能提高造型的效率。

Side

头顶扁塌和因头发稀疏露出头皮的情况都被三股辫轻松解决了。

1 将假发片分成平均的三股。在编三股辫的时候，保证中间一股不要歪。

2 从距假发片根部大约 8 cm 处开始编发，以备最后造型时将假发片藏进发髻中。

3 预留 10 cm 长的带卷发尾，用小皮筋绑好，假发片就处理好了。

4 将全部头发拢至右耳斜上方，扎成一条基础马尾，然后将编好的假发片扣在马尾的根部。

5 将马尾拧转数次后按顺时针方向盘在侧面并用发卡固定，形成的发髻就把假发片的扣接处遮住了。

6 将假发辫从头顶绕至后发际线处，将发尾藏进颈后的头发里，用发卡固定好，注意不要绕得过紧。造型完成。

利用假发片编鱼骨辫

鱼骨辫编法是编发技巧中比较难的一种，它需要不断地将旁边的两股头发取半编进发辫中，形成类似鱼骨的紧凑、细密的造型。用假发片编成的鱼骨辫可以作为发饰装饰到真发上，几乎看不出破绽。

Side

加入鱼骨辫后，造型的精致感立刻显现出来了。

1 将假发片分成均等的两股。若想使假发片有光泽，可用少量免洗润发乳。

2 用两手食指不断地从最旁边的两股头发中取半并在中轴交叉，使假发辫形成鱼骨纹路。

3 将假鱼骨辫摆在头上测量，编到靠近耳朵的位置时用皮筋绑好。

4 头顶最高点与右耳最高点连接成线，将假鱼骨辫依着这条线斜向扣接在右侧。

5 将全部头发拢至右耳下方，连同假鱼骨辫一起绑成低马尾。选一小束头发绕圈，遮住皮筋。

6 选择一个合适的发饰，将假发片扣接的位置遮挡起来，造型完成。

109

利用假发片盘花朵发型

复杂华丽的盘发对发量的要求很高，客人的头发参差不齐也会给造型带来不便，不妨将假发片打造成适合客人的样式，然后将其装饰在发型不饱满的地方。

Side

造型看起来很复杂，实际上一两分钟就可以轻松完成。假发片使造型事半功倍。

1 将假发片编成一条普通的三股辫，尾部预留 3~5 cm 不编，用皮筋绑好备用。

2 将三股辫盘成扁圆形，用两个发卡呈十字形固定，花的形状就完成了。之后微调发束，将它扯松。

3 将头发梳直，从底部开始，由右至左用绞股编法处理全部头发。

4 头发绕到左耳下方时，用皮筋绑住发尾。用卷发棒将发尾稍微烫卷。

5 刘海儿向左侧梳顺并拧转成股，用发卡将刘海儿固定在右耳后方，注意隐藏发尾。

6 用几个发卡将假发片做成的花朵固定在左侧耳后，造型完成。

利用假发片做花苞头

花苞头需要丰厚的发量才能出彩，如果发量过少，可以先进行基础盘发，再利用假发片塑造花苞造型。花苞头有时会用到撕发技巧，爱惜头发的客人往往舍不得真发承受撕扯伤害，这时就可以用假发来替代。

Side

用假发片做成的花苞造型饱满、蓬松，且不会伤害到真发。

1 将假发片的两份头发叠在一起，合并后从中间撕开；再叠加，再撕，重复数次，使假发产生蓬松感。

2 将假发片盘成花苞状。

3 预留出刘海儿和一些鬓发，以太阳穴水平线为界，将上区的头发贴着后脑勺向右拧转，推高并固定。

4 下半区的头发同样贴着头部向右拧转固定；发尾绕成圈，贴着头部用发卡固定好。

5 将处理好的假发片扣在步骤4做好的发髻左侧。注意尽量扣在发根部，隐藏好发卡。

6 抓住假发片的发尾，将其绕进发髻根部藏起来。这款发型就完成了。

111

利用假发片做发髻

想要设计一个发髻造型，但客人的发量少且头发短，这时可以先用假发片做出一个假发髻，再将它固定到头顶上。这样不仅可以弥补发量、发长的不足，还可以使发髻的样式更多，一举两得。

Side

顶区的发型饱满，优雅的弧度和俏丽的短刘海儿会使脸形更协调。

1 将假发梳顺，用3根皮筋将假发片均分为4段。

2 抓住假发片的发尾，将假发片整体向上推，使每段发束变成蓬松的灯笼状。

3 调整假发片的蓬松度，稍微拉松一下假发片的根部，使其和后面的假发片保持一致。

4 将全部头发向后梳顺。在眼睛对应的头部正后方，将头发以顺时针方向拧转成龙卷风状。

5 将头发拧到最紧后顺势盘成发髻。将假发片弯成弧形，扣在发髻的根部，并将扣子藏好。

6 调整发片发尾的方向，让发尾作为刘海儿，摆出合适的弧度，造型完成。

利用假发片做手推波纹

手推波纹发型具有复古的美感，但若不是长度均等、有光泽的头发，很难取得很好的效果。将假发片做成具有弧度的形状，固定在刘海儿处，就可完成该造型。

Side
染过颜色的发片打造的手推波纹全无黑色头发的古板和老套。

1 将假发片梳顺并平铺在桌面上，不需要烫卷。选择 4 个长形夹等距离夹在假发片上。

2 将假发片处理成波纹形状，距离假发片 20 cm 处，将定型喷雾均匀地喷在假发片表面。

3 将全部头发分为左右两等份。将右半区的头发编成三股辫，盘成圆髻，固定在脑后稍低的位置。

4 取下假发片上的长形夹，将假发片固定在左侧刘海儿区。将发尾收进真发中并夹好。

5 将假发片根部扣在左耳后侧的头发上。

6 将剩下的左半区的头发编成三股辫，向上提拉并固定，将假发片扣接处遮盖起来，佩戴发饰，造型完成。

113

利用假发片打造马尾轮廓

直接用绑高马尾的方法打造出的马尾会显得非常普通，没有个性。在头发侧面先接扣上假发片，并稍微做出一些拧纹，这样能让发型呈现新的美感。

1 将前额的头发二八分，较多的部分取薄片备用。将假发片扣接在发量较多的一侧，用薄片遮盖扣接处。

2 以耳上方的斜切线为界，分出左侧上半区的头发，连同假发片一起梳好备用。

Side

前额的头发顺势向后的走向能加强脸形的柔美感，还兼具"瘦脸"效果。

3 将左侧上半区的头发拧转，并将发尾在头后面的中轴线处固定。用发卡从上下两个方向夹好。

4 分出右侧上半区的头发，梳好备用。

5 取发蜡，将右侧上半区的头发一边向内拧转一边往后收，使头发形成内扣的发卷。注意，此处的发卷可以不与左侧的发卷对称。

6 将所有头发扎成一条低马尾。取一段宽度不少于5 cm的发束，绕马尾根部几圈后用发卡固定，造型完成。

利用假发片编制松散的辫子

编出饱满并且纹路清晰的辫子必须具备下列条件：发尾基本齐平，头发有足够的硬度，光泽感好，无分叉，不毛糙。如果客人本身的头发并不满足以上条件，则可以利用假发片，假发片的硬度可使辫子更有形。

Side
头发堆积在一边的发型能将女性的面部轮廓修饰得更动人。

1 将前额的头发三七分，将假发片扣接在发量较多的一份中间，隐藏起来。

2 将头发全部拨至左肩上，分成3股。

3 从颈后向左前方编发，从左耳位置开始编较粗的三股辫，可以编得松一些。发辫末尾用皮筋绑好。

4 将发辫内折，将发尾藏进颈后区的头发里，用发卡固定好。

5 拉松位于外侧的每一股头发，使发辫的形态更柔美一些；不要拉内侧的发束，否则容易造成假发片脱落。

6 鬓角的头发或者刘海儿比较长的话，可将其顺势绕到发辫中，并用发卡固定好，造型完成。

115

利用假发片隐藏油头和塌发

如果客人的刘海儿很油腻，那么可以借助假发片来遮盖。将假发片扣接在前额处，既可以遮住油腻的刘海儿，又可以很好地修饰额头。

Side

左后向前的头发走向不仅让头顶的弧度更饱满，还能修饰脸形。

1 用直径较大的卷发棒将发尾烫卷。可使用烫前护发液增强发卷卷度的持久性，发卷的高度不要超过耳垂。

2 在头顶最高处下方约3cm处分出一条线。

3 从左侧取一束头发，拧转并用发卡将发尾固定在脑后，有"瘦脸"效果。

4 将头顶预留出来的头发挑出薄薄一层，用于覆盖假发片扣接处。

5 将假发片扣接好，和刘海儿、前额的头发合在一起。

6 用预留的发片盖住假发片。将头顶处的头发卷至太阳穴上方后停止，用发卡固定在右耳上方，佩戴发饰，造型完成。

利用假发片打造立体盘发

精心打造的盘发也许不到半小时就扁塌了，这是头发稀少或者过于细软易导致的问题。添加假发片除了能增加发量，还能增加头发的支撑力。尤其是位置定得较高的发型，更需要使用能维持发型的假发片。

1 用尖尾梳在头顶最高处下方 5 cm 处分界，这里是准备扣接假发片的位置。

2 将已经烫卷的假发片扣接在发根处，注意两边的高度要一致。

Side
加了假发片之后，造型的支撑性会变好，同时能够确保整体效果还是随性、蓬松的。

3 将前额的头发用密齿梳分出一条中缝。

4 一边将前额的头发向后拉，一边将其向内拧转成股，使中缝旁边的头发略微隆起，并用发卡固定。左右两侧均按此法处理。

5 把剩余散下来的头发分成左右两份，分别进行两股拧绳，处理成两股辫。

6 将两股辫盘成高发髻，将前额头发固定后剩余的发尾顺势绕在发髻根部，即可得到盘发造型。发辫末尾要藏进盘发底部，最后调整形状。

117

利用假发片做前置发髻

做好的蓬松刘海儿很容易就变得扁塌，会平贴在头皮上。用假发片来做前置发髻会达到很好的维持发型的效果，而且相对于真发的普通刘海儿，前置发髻会使发型显得更有个性。

1 将头发分成几份，分别整烫成大卷。注意每次烫卷发量不要太少，避免卷度过于散乱。

2 在顶区较高的位置取一片薄发片，用于遮盖假发片的扣接处。

Side

卷度随性的发卷略带硬朗感，前置发髻使发型更具个性。

3 扣上已经烫好的假发片，注意两边的高度要一致。

4 以太阳穴水平线为界，将上半区的头发连同假发片一起抓起，拧紧成股。

5 将发尾前置，放在前额处，发尾内卷成筒状，形成一个小发髻，用发卡固定好。

6 喷定型喷雾，将前额的发髻定型，并调整发髻的形状。

利用假发片让盘发变得伏贴

细碎的头发不容易盘出光洁利落的发型。此时，不妨加入假发片，增加头发的厚度和黏合力，避免出现发量太少导致的中空、缺失现象，打造以盘发为亮点的发型。

Side

这款发型使人更显可爱，耳后一缕卷发展现了盘发有活力的一面。

1 用密齿梳将前额的头发按照 2 ∶ 3 的比例分开，并将头发表面梳顺。

2 选择左侧面宽度为 10 cm 的发片，用卷发棒整烫出内卷弧度，以修饰脸部侧面的线条。

3 将假发片扣在左侧发根处。注意预留一层薄发片，以覆盖扣接处。

4 用预留的头发盖住假发片。用指腹抹少许发蜡，将头发整体按顺时针方向拧转、拉直成股，注意要拧得紧一些。

5 将头发盘起，用发卡从几个方向固定盘好的头发，将发尾较为枯黄的部分往内收。

6 用卷发棒将预留出来的一小束鬓发做出卷度，将其用发卡固定在左侧耳后，发尾垂下，起到点缀的作用。

利用假发片做拧转半盘发

半盘发一定要在鬓角做出线条弧度，从两侧入手向上提拉，这样会更显气质。这种需要借助拧发技巧的半盘发要求鬓角处发量丰盈。如果发量不够，可以通过内接假发片来达成。

Side

拧转形成的线条能同时表现出甜美和高贵的风格。

1　在头顶分出一条斜分界线。在头发表面抹少量润发乳，增强头发的光泽感。

2　在左侧发根处扣接假发片，同时用一薄片头发覆盖假发片。

3　以左耳前端的斜切线为界，分出左侧上半区的头发备用。

4　将左侧上半区的头发拧转并拉至后脑勺处，用发卡固定在中间位置，发尾可自然披散。

5　用尖尾梳分出右侧上半区的头发，发量大致和左侧上半区的头发相等。

6　将右侧上半区的头发拧转后向左拉，两边拧转的发股在后脑勺处衔接，用发卡固定好。

利用假发片打造新式花团头

花团头和丸子头虽然形状很接近，但是在细节处理上截然不同。头发比较短、细碎或者发质过软的话，无法做成好看的花朵造型。打造花团头造型的思路：先用假发片延长头发，再借助打结法将几个发结夹在一起，这样就能迅速完成花团头造型。

Side

发辫和花团头相结合让甜美的气质得到提升。

1 将头发分为上下两层，下层发量偏多一些。将下层的头发在较高的位置扎成一条基本马尾。

2 用假发片包裹马尾，在马尾根部扣接起来，使真发包裹在假发里面。

3 将由真假发组成的马尾平均分为三等份，每一份以打绳结的方式打结并固定在头顶，形成一个发髻。

4 将之前预留出来的上层头发编成比较蓬松的三股加二辫。注意不要紧贴着头皮编，以免造成紧绷感。

5 将发辫的末端绕到发髻的底部，将分叉的发尾藏到发髻中。

6 将花团造型的部分发束向外轻拉，会让造型更具蓬松感，显得十分随性。

121

加入假发片的商务社交发型

散发往往会显得随性而不正式。出席商务社交场合时应将头发进行集中整理，发型应光洁整齐，所以盘发最合适，然而要注意应避免盘发造型显得过于隆重。

1 将前区的头发三七分，分界线可稍倾斜一些。假发片与真发等宽，扣上烫卷过的假发片。

2 用密齿梳将假发片表面梳顺，并适度下拉，遮盖一点额头，再用一层足够覆盖扣接处的真发将假发盖上。

Side

露出耳朵的简洁款盘发能充分展现人物自信的气质。

3 将藏着假发片的前区头发先梳至一边，备用。将其余的头发分成三等份。

4 将每份头发都梳好，并在距离发根较近的地方打一个普通的结，用发卡固定，聚成3个紧挨着的小发髻。

5 顶区的头发拧转成股。如果有碎发，可以用发蜡卷进去收好。

6 将卷成股的头发向右拉，用发卡固定在3个小发髻的下面，造型完成。

122

加入假发片的派对发型

　　派对是非常需要展现个性与时髦感的场合。若要参加派对，稀疏的长发难以打造出丰富的花样。不妨在发型上巧加心思：先内加假发片以丰盈发量，再用卷发棒把头发烫成大波浪。

Side

假发片的接入能让起伏的卷发毫无空隙感，形成有魅力、性感的发型。

1 左右鬓角的头发都整烫成外翻大卷。用直径稍大的卷发棒将头发抓高再烫，保持时间稍久。

2 留出鬓发和刘海儿，将顶区头发从中间分成两等份。

3 将两份头发分别向内拧转，向上推；用发卡固定拧转处，形成两个突出的发包。

4 用手调整发包的大小，使两个发包对称、饱满。将碎发用发卡收拢并固定。

5 将发包下方2 cm处的头发分出界线。将烫卷过的假发片扣接在此处，可起到增添发量的作用。

6 将真假发烫卷、拨松、往前放，鬓角大卷处用定型喷雾定型。发型完成。

加入假发片的聚会发型

披肩长发有时会让人觉得不够利落，参加聚会时可以尝试低发髻造型。可将假发片做成基座，长发向内收拢变短，并在头发侧边搭配发饰，以强化风格。

1 以两耳中点连接线为界将头发分成上下两部分，将假发片扣接在下方。然后将假发片和连接线以下的头发编成三股辫。

2 将辫子盘成紧实的小发髻。如果不喜欢位置在正中，也可以偏一些，这样基座就完成了。

Side

假发基座的作用是确定发型的长度，确保头发固定牢固。

3 取右侧上方的头发，拧转成一股。

4 在拧转处夹一个发饰，起到固定拧纹并装饰侧面的作用。

5 将剩余的头发向左抓顺，包住基座，抓住发尾拧转成束。

6 将碎发和发尾全部往内收，注意隐藏发尾。

加入假发片的晚宴发型

简单随意的发型不适合出席晚宴时采用。接入假发片能让发量增加，可以通过设计来呈现花样繁多、复杂的型。将假发片打斜一点再接入，就能把接发处隐藏起来。

Side

重心偏高、立体丰盈的盘发能使脖子显得纤长。

1 在头顶偏下方分出一条长约 10 cm 的斜切线，确定此处为接扣假发片的位置。

2 斜扣上假发片，以假发片下沿为界，将头发分为不对称的上下两半区。

3 上下两半区分别编一条较松散的蜈蚣辫。由于发量不对等，发辫在形态上就比较自然、随性。

4 将位于上方的蜈蚣辫的辫尾绕到两条蜈蚣辫之间的空隙处，用发卡固定好。

5 将位于下方的蜈蚣辫的辫尾绕到右耳后方（上方蜈蚣辫的内部），藏好并用发卡固定。

6 根据脸形调整每束头发的松紧度，使发型的纹路加深。搭配发饰，发型完成。

Chapter 5

场合进阶的
发型攻略

　　出席不同的场合时，人们讲究的是整体造型要与环境相协调，服饰需要精心搭配，发型的塑造也非常重要。不同场合的发型要根据时间、环境、主题等方面的要求进行设计，发型师应对各个场合做出最正确的解读，然后从专业角度出发为客人提出最适合该场合的发型设计方案。

打造场合发型前的必做功课

随着人们对外在形象要求的提高，人们对发型师的要求也越来越高。人们出席一些重要的、正式的场合时，开始让发型师为自己量身打造发型。发型师要对不同场所适用发型具备一定的判断能力，能够根据场合属性进行相应的发型设计。

● 脸形与发型

脸形与发型之间有着密切的联系，不够完美的脸形可以通过发型进行调整。若是选择了一款不适合自己脸形的发型，则可能会让脸形的缺点更突出。

第一，长脸形。将头发留至下巴，留点刘海儿或将两鬓的头发剪短都可以产生缩短脸的长度而加强宽度的视觉效果。也可将头发梳成饱满柔和的形状，使脸有较圆的感觉。总之，一般来说，自然、蓬松的发型能给长脸形的人增加美感。

第二，方脸形。头发宜向上梳，轮廓应蓬松些，不宜把头发压得太平整，耳前发区的头发要留得厚一些，但不宜太长。前额可适当留一些头发，但是不宜过长。

第三，圆脸形。这样的脸形常会使人显得孩子气，所以发型不妨设计得成熟一点，头发要分成左右两部分，而且要有一些波浪，脸看起来才不会太圆。可将头发侧分，短的一边向内略遮脸颊，较长的一边可做外翘的波浪，这样可"拉长"脸形。这种脸形不宜留刘海儿。

第四，椭圆脸形。这是较能体现女性美的脸形，采用长发型和短发型都可以，但应注意尽可能把整张脸露出来，以突出这种脸形协调的美感。

● 体型与发型

人的高矮、胖瘦等与发型处理也有一定的关系。例如，身材较瘦长的人留短发，就容易使肩部显得下塌，人也更显瘦高；身材矮小的人留长发，会使人显得更矮；较胖的人头发应避免采用直纹路，如果梳成规则的平波浪，会更显胖。

第一，高瘦女性。高而瘦的身材一般是比较理想的身材，但高瘦身材者有时容易给人眉目不清的感觉，或者是脸部缺乏丰满感，因而在梳妆时要注意增加发量，稀少的头发会令人感觉乏味。适当地佩戴发饰，或在两侧进行卷烫，能使人显得活泼而有生气，以调节高瘦身材的乏味感。

第二，矮胖女性。矮胖女性宜选用发髻发型，整体的发式要向上伸展，露出脖子，以增加一定的视觉身高。不宜留波浪长发、长直发，应选择有层次感的短发和前额翻翘式发型。

● 季节与发型

随着季节的变化，衣服的厚薄不同，衣领的高低不同，颈部露出皮肤的面积不同，头发的长短要与之相适应。夏天要求凉爽、舒适，多采用短发造型，即使留长发，也以梳辫、盘髻为宜，头发不宜过长、过厚、过于蓬松，否则会很不协调。冬天衣服穿得厚、衣领高，颈部基本被衣服、围巾裹住，长发垂于脑后，这样有利于保暖，因此头发不应过短、过薄。春季和秋季，发式可以自由选择。

根据头发的情况打造发型建议要点

适合场合： 联谊聚会、同学聚会等。无前刘海儿的设计让脸部整体被拉长，将发尾打理成有层次的卷发并用定型喷雾定型后抓松，使发型呈现出层次感和空气感相结合的效果。

适合场合： 婚宴、生日派对等。三股辫给人的感觉既甜美又温婉。在一侧或两侧齐耳位置取一小束头发，编成三股辫，沿头皮绕到耳朵后面固定或与马尾汇拢。可以佩戴一些甜美风格的发饰，如蝴蝶结发卡、珍珠发箍等。

适合场合： 晚宴、酒会等。高高盘起的发髻能营造出晚宴所需的华丽感。不要过分担心高发髻会"增龄"，只要在发髻上用点技巧，就能打造出不落俗套而个性十足的晚宴发型。

适合场合： 派对、舞会等。凌乱的侧分大卷发是发型打造的重点。可以用发梳打毛发根，营造蓬松的效果，再利用一些发雾喷剂定型，使发丝变得灵动起来，妩媚、成熟感立现，是一款能轻松展现个性魅力的发型。

适合场合： 年会、酒会等。重心集中于一侧颧骨旁的外翻卷发能弱化高颧骨的突出轮廓。而高颧骨的人通常也是方脸形的人，这款发型能弱化方脸形的棱角，有主有次的造型能冲淡方脸形的强势感。

适合场合： 婚宴、主题聚会等。露出额头的发型能拉长上庭的比例，从而使高颧骨的中庭所占比例更显合理。外翻并具空气感的刘海儿能增添轻盈感，弧度较自然的肩上卷发使整个发型重心下移，这一上一下两个重点都能弱化高颧骨的存在感。

突出甜美气质的订婚宴发型

普通的直发缺乏生气，而卷发又容易被风吹得散乱。参加订婚宴的发型绝不容许出错，可借助卷发棒将头发烫卷再进行编发，让发型既轻盈又有层次感。

1 将卷发棒侧置，将发尾向内卷 2~3 圈。

2 用直径小的卷发棒烫卷上面的头发，发卷更小巧，较之大卷的妩媚更显青春活力。

3 两侧的头发用卷发棒向内卷至与太阳穴水平的位置，注意发卷的位置不要太靠上。

4 双手插入发根，由内向外拨散发卷。

5 用尖尾梳将头发从额角进行大偏分。

6 从左侧耳尖上方与太阳穴水平的位置，往头顶至右耳方向编三股加二辫，编发时可就近加发。

7 编刘海儿，应将发辫编在发际线的上方，露出额头。

8 将编好发辫的发尾和剩余的头发合在一起再分成 3 份，在右侧编成三股辫。

9 用手从编好的三股辫中轻轻拉出一些头发，往后塞入发辫，形成包裹住发辫的感觉。

10 整理一下发辫，将翘出来的头发塞入发辫中，并用发卡固定。

11 将编好的三股加二辫轻轻地拉松一些，以增强发型的蓬松感。

12 注意脸颊处的发辫要拉松，以起到修饰脸形的作用。为发辫喷上发胶定型，让发型更持久。

131

简约秀气的婚宴赴会发型

出席婚宴的发型既不应过于隆重，也不能太随意，可在发型细节上采用三股加二编发的手法来体现精致感，配合侧边的长直发，让女性温柔婉约的感觉呈现出来。

Side

侧边的长直发保持顺滑的感觉，散发出温婉的韵味。

1 以两耳尖水平连线为界，将头发分成上下两部分。

2 将上半部分的头发从额头中间的位置开始进行三股加二编发，不留刘海儿。

3 上半部分的头发全部完成编发之后，再继续把发梢编成三股辫。

4 将上半部分头发的发尾向上固定。

5 将下半部分的头发分成左右两份，将右边的头发编成三股辫并将发尾固定在右耳后方。

6 在右下方佩戴端庄大方的蝴蝶结发饰，将下半部分左侧的头发梳顺，并将其置于右侧胸前，发型完成。

日系唯美风格的婚宴赴会发型

大弧度的卷发最能体现出浪漫风格，尤其适合订婚宴这样的甜蜜场合。刘海儿保持蓬松的状态并以编发、拧转等造型手法增添亮点，侧边的刘海儿和自然散落的卷发还能产生修饰脸形的效果。

Side
加入蝴蝶结等精美发饰，让发型更具浪漫感。

1 将刘海儿分为左右两部分。

2 将右侧刘海儿从右侧额角位置开始进行三股加二编辫，从太阳穴处开始编三股辫，编至发梢。

3 把编好发辫的发梢团成小发髻固定在右耳上方。

4 在小发髻上方戴上一个精致的蝴蝶结头饰，以增添发型的甜美感。

5 用直径为 28 mm 的卷发棒烫卷剩余头发的发梢。不需要将卷发棒的温度设置得太高。

6 用卷发棒将整体头发都打理一遍，将头发卷至大约与耳朵平行的位置即可。

133

Side

隆起的发包拉长了脸部
线条,让人看起来更加清爽、
精神。

Back

蓬松且充满弹性的发卷
让马尾看起来活力十足。

蓬松清爽的联谊聚餐发型

高马尾造型给人以活力四射的感觉。如果发量过少,则可以将马尾烫出弧度,
让马尾变得非常丰盈。以这种发型出席一些联谊聚餐场合,可以展现清爽的精神面貌,
与他人初次见面即可让对方对你产生好感。

1 用尖尾梳分出顶区的头发，并向上梳理整齐。

2 将头发以逆时针方向拧转成一条发辫。

3 将拧成的发辫前端稍微往前推高，形成一个蓬松的发包，用发卡固定。

4 将剩余的头发全部往高处梳理，和发辫的发尾一起扎成一条基本马尾。

5 用手将发尾撕开，使马尾看起来更加丰盈。

6 将马尾按发量分为若干等份，用卷发棒烫卷。

7 以内外交叉的手法进行卷烫，以丰盈发量，使发卷看起来更加明显。

8 卷烫时稍微将头发往前拉，有助于缩短马尾，使马尾的发卷向上堆积。

9 喷发胶定型，使发型更加持久。

10 一只手拉住发尾，另一只手的手指夹住发片朝上推，使马尾充满空气感。

11 用手轻轻拉高发包，使其更加饱满。

12 将发带中部置于马尾结节处，经过两侧，在后颈上方打结并系好。

微卷自然的联谊聚餐发型

这款半盘发发型简约又时尚，将原本垂直的发尾微微烫卷，发型才不会显得生硬。以拧转手法做成的刘海儿能为形象加分，让人感觉自然而甜美。

Side

前额到后脑勺的发型都保持非常饱满的形状，有助于修饰头形。

1 将刘海儿向前梳，发尾拧转后向内收，用发卡固定。

2 从头顶选出部分头发，双手握住发束，向右拧转至发根。

3 用手将拧转的发束稍稍向上推，使头顶的头发拱起，在后脑勺处用一字卡固定。

4 收起两鬓剩下的头发，双手拉着发尾将发束逆时针拧转。

5 将两鬓拧转后的发束绕至后脑勺处，在后脑勺中点交叉，用发卡固定。

6 在后脑勺中间发卡的位置别上一个精致的发饰，让发型更加完整。

以花苞发髻为亮点的聚会发型

　　齐刘海儿将额头覆盖起来难免会显沉闷，将其变为蓬松内扣的侧边刘海儿会更显轻松。长发分区，拧转后盘成侧边低发髻，充满清新感的同时也显得利落、自信。

Side
刘海儿和发髻都偏向同一侧，显得和谐、自然。

1 将头发从中间均匀地分为两部分，并用发卡固定好。

2 将右耳上方的头发分成两股，并相互拧转。

3 向拧转的头发中不断加入头发，一直拧至左侧耳朵下方。

4 发尾盘成花苞状并用发卡固定。将左侧的头发也从耳朵上方开始交叉拧转，拧至左耳下方盘起并扎好。

5 用手轻轻拉扯头顶两侧的头发，使头发更加蓬松、自然，有立体感。

6 在左侧耳朵上方别上精巧的发卡，在抚平碎发的同时能提升人的气质。

Side
高贵典雅的珍珠发卡令整个造型更有气质。

Back
轻盈的螺旋卷让发尾充满弹性。

清纯柔美的年会发型

刘海儿发辫的设计让人第一眼就能捕捉到美感，螺旋卷的发尾让发型看起来弹力十足。以这种发型出席年会，能展现清纯、柔美的气质。

1 用尖尾梳分出上半区右侧的头发，将其梳理好，准备编发。

2 将分出的头发向右沿脸部轮廓编成粗三股加一辫，略微遮住额头。

3 将粗三股加一辫编至耳后，与耳朵边的头发一起往下继续编成三股辫，放在右侧。

4 编发辫时不要拉得太紧，编好后要用皮筋绑住发尾。

5 将后面的头发向发量少的左边倾斜，分成两股。

6 将分好的两股头发分别放在两侧肩头。

7 将两股头发在左耳后拧转几圈。

8 将拧转的部分盘成小发髻，余下发尾。将发尾分为若干等份，用卷发棒烫卷，烫发时停留得久一些，这样才能让发卷更明显。

9 继续用卷发棒烫卷发尾。

10 整理一下头发，使发尾形成螺旋卷。

11 用一只手轻轻握住发尾，用另一只手喷定型喷雾定型。

12 选择一款精致的发饰，别在小发髻上方。

以"减龄"低马尾为亮点的年会发型

出席年会时可以一改平日严肃正式的商务发型，用拧转的手法设计造型，将头发扎成一个螺旋卷的低侧马尾，使人看起来优雅大方。

1 留出刘海儿，在头顶左侧取一股头发，编一小节辫子，将辫子的发尾拧转到左耳上方的位置。

2 用小发卡把发尾固定，要保证拧转的头发不会松散变形。

Side

螺旋卷的低侧马尾比普通马尾更具蓬松感。

3 把头顶右侧的头发也同样编成辫子。将辫子拧转，并固定在右耳上方。调整左右两侧编好的辫子。

4 把发尾和余下的头发一同在后颈处扎成一条低马尾，不要扎得太紧。

5 用直径为28 mm的卷发棒卷烫刘海儿，使刘海儿向内微微弯曲，营造自然的蓬松感。

6 戴上一个漂亮的蝴蝶结发饰。

优雅大方的单肩披发

让头发集中又不扎起的方法是把全部头发搭在一侧肩上，再用一些具有装饰性的发卡将头发固定住，并在发尾进行一些翻卷处理，体现出设计感。

Side

经过打造的发尾不会轻易散开而变得凌乱。

1 用尖尾梳的末端在头顶整理出一片接近圆形的头发，发量可稍多一些。

2 将整理出的头发轻轻拧转，只需要拧转到头发 1/3 的长度。

3 把拧转好的发尾用小发卡隐藏在头发中，并固定在右耳上方。

4 将剩余的头发全部置于右肩上，将发尾分成 2 股或 3 股，并把发尾卷成筒状。

5 用小发卡固定筒状的发尾，并且将头发做出层次感。

6 选择一款小巧精美的蝴蝶结，将其扎在右耳后下方即可。

Side

将刘海儿拧转可使人显得更加有精神。珍珠发卡也可为整个发型加分。

Back

有规律的螺旋卷发尽显大家闺秀的气质。

清新脱俗的晚宴发型

嫌单纯的卷发太普通？拧转发束，使卷曲的发尾与上半部分的直发产生明显的区别。这样既有装饰性，又有别具一格的美感，让卷发发型变得清新脱俗。

1 用尖尾梳将后区的头发均匀地分为两份。

2 用尖尾梳将前区的头发梳理整齐，三七分（左三右七）。

3 用尖尾梳将左右两侧的头发分别分为三等份，用长尾夹夹住、分开。

4 尽量使每一股头发的发量均等，这样卷出来的发卷大小更匀称，也更好看。

5 用卷发棒从一侧开始卷烫。卷烫每份头发时，卷发棒要停留久一些，这样可以使发卷更加明显。

6 用卷发棒纵向卷烫脸部周围的头发，使头发在脸部周围自然内扣，以修饰脸形。

7 喷发胶并用手摇散发尾，使发胶更加均匀地沾在头发上。

8 用手指由上至下拨开发卷。这种手法能令马尾具有空气感，同时可避免发丝毛糙。

9 抓取右侧刘海儿区的一缕头发，按逆时针方向拧转成一条发辫。

10 将拧好的发辫绕到右耳后侧并固定。

11 从左侧刘海区取一缕头发，拧转后向右拉，在右耳后方固定。

12 将发辫稍微往下拉一些，使发辫拢住头顶所有的头发。在右耳上方戴上珍珠发卡。

突出气场的轻熟甜美发型

出席晚宴时，不论是妆容还是服饰都偏向于精致的风格，同样发型设计也不能太普通。高高盘起的发髻和蓬松的刘海儿能增强气场，打造晚宴女王最适合的发型。

1 从后脑勺中间位置把头发分成上下两份，分别扎成马尾，并用一缕头发将扎马尾的皮筋遮住。

Side
将头发一分为二，一半做刘海儿一半做发髻，个性十足。

2 将上半部分马尾中的头发翻至额前，并将发梢的头发拧转至马尾中间位置。

3 把拧转好的发梢绕到扎马尾的皮筋处，用发卡固定并隐藏好。

4 将下半部分马尾中的头发打毛。

5 将打毛后的头发盘成发髻，固定在后脑勺偏上的位置。

6 将发型整理好，在右下方别上一款典雅大方的发饰即可。

增强可爱气质的甜美盘发

长相可爱的女生无法驾驭太过成熟的盘发，但可以在刘海儿上设计出类似花朵的纹理，以强化甜美气质，双鬓保留微卷的发丝，打造日系风格发型。

Side
极具存在感的刘海儿让造型变得独一无二。

1 从头顶刘海儿中取一缕头发，将其绕成圆形并固定在额头上方。

2 在第一缕头发靠后的位置再整理出一缕头发，反方向绕成圆形，并用发卡固定好。

3 在头顶右侧整理出一缕头发，绕成圆形，靠近前两个圆形造型固定好。注意调整好位置。

4 将剩余的头发全部拢起，顺时针拧转并固定。

5 将发尾盘起并固定好。用直径为 28 mm 的卷发棒将两鬓的碎发烫卷。

6 将一款端庄大方的蝴蝶结发饰固定在后脑勺处即可。

145

Side

斜刘海儿完美地修饰了
脸部线条，显得简洁又优雅。

Back

干净利落的盘发露出后
颈和背部美丽的线条，显
得性感而端庄。

简洁优雅的婚宴发型

　　参加婚宴时，女士常常会穿抹胸类的礼服，搭配披发会稍显累赘。应设计一款低盘发造型，发髻整齐、利落，这样能很好地显露光洁的脖子和佩戴的首饰，更显优雅、自然。

1 将头发分为左右两部分。将左侧的头发分成三等份，用长尾夹将其分别固定。

2 用大号卷发棒将左侧头发烫卷，这样卷出来的头发比较适合盘发。

3 将右侧的头发同样分成三等份，注意留出刘海儿部分。

4 选取右侧的一束头发，用卷发棒纵向卷发尾2~3圈。

5 从右侧刘海儿中取一缕头发，从太阳穴下方开始按逆时针方向拧成一条发辫。

6 将右侧发辫的发尾固定在脑后。将左侧的头发分成两份，往后交叉拧转一圈。

7 采用两股加一辫的手法将后侧的头发从左侧编到右侧。

8 将剩下的头发拧转成一股，注意拧紧一些。

9 将发尾用皮筋绑好。

10 将发辫绕到后侧，按顺时针方向盘成一个发髻。

11 将发尾藏在发髻下方，用发卡固定。

12 整理一下碎发，将珍珠发卡夹在发髻上。

充满细节感的层次扎发

将高马尾和散发结合在一起的发型既能展现出高马尾营造的气场，也能展现出散发塑造的柔美感。将大量的头发集中到额前做成刘海儿，可以很好地修饰脸形。

Side
此款发型充满细节感，兼具洒脱与柔美。

1 将头顶的头发向前梳理，并拧转发尾。

2 将发尾绕到头顶右侧，用发卡固定。

3 将剩余的头发分成上下两部分，把上半部分的头发扎成马尾。

4 把靠近马尾发根处的头发拱起，用发卡从马尾中间固定好。

5 用直径为 28 mm 的卷发棒将剩余头发的发梢烫卷。

6 在刘海儿靠后并接近拱发的位置戴上蝴蝶结发箍，增添柔美感。

自然清爽风格的简易盘发

让盘发不显老气的方法包括以下几种。在做发髻前将全部的头发进行卷烫；用手将做好的发髻轻轻拉松散。这样的盘发造型会比较自然、俏皮，不会显得过于成熟，特别适合年轻女性。

Side

微微松散的蓬松盘发比整齐的光洁盘发显得俏皮许多。

1 把头发分为左右两份，不必过分追求发量均等，自然即可。

2 将右侧的头发穿过左侧头发，置于左侧胸前。将头发分成两股，拧转至发梢的位置。

3 用一只手固定发梢，另一只手轻轻拉扯头发，让它有自然、蓬松的感觉。置于背后的左侧的头发同样处理成松散的两股辫。

4 用发卡把右侧发辫的发尾固定在左耳后方的位置，左边的发辫采用同样的手法处理。

5 将两侧头发的发尾用小发卡固定在脑后，使其蓬松、自然。

6 将一款窄发箍戴在头上，增添甜美气质。

Side
把头发全部放在一侧，
显得女人味儿十足。

Back
丰盈卷翘的长发，每一
丝每一缕都魅惑十足。

气场十足的酒会发型

　　斜刘海儿搭配稍微凌乱的长发大卷，显得随意又自然。厚重的刘海儿进行内扣
处理，可在酒会等场合展示出强大的气场。

1 将刘海儿平均分成左右两份，用卷发棒将刘海儿平行向内烫卷至发中。

2 将头发分为上下两个发区。将下区头发的发尾烫卷。

3 抓取刘海儿，用卷发棒水平内卷至发根，使刘海儿形成自然内扣的形状。

4 分出中间的刘海儿，将发尾绕至右耳后方，用发卡固定。

5 用尖尾梳挑取左侧的鬓发，将其梳理整齐，备用。

6 将左侧的鬓发按顺时针方向拧成一股。将拧好的发辫向右拉，用发卡固定在右耳后方。

7 用尖尾梳轻轻挑高顶区的头发，令顶区显得更加饱满。

8 用手撕开发卷，这样能够避免发卷变得毛糙。

9 喷定型喷雾定型，令发卷持久有形。

10 用按摩梳轻轻梳理头发，使头发看起来更加柔顺。

11 用卷发棒将右侧的头发烫卷，纵向将头发向外翻卷至发根部。

12 采用内外交叉的方式卷烫，使发卷看起来更加明显、立体。

优雅精致的外翻盘发

    酒会的环境氛围不适合打造过于可爱的发型。大偏分与外翻卷的结合可以让额头显得圆润饱满，在一侧佩戴发饰可以凸显女性的优雅气质。

Side
加入蝴蝶结发饰，让盘发变得优雅起来。

1 从左侧耳朵上方取两股头发，用手将其梳理整齐。

2 将两股头发的发梢分别拧转，同时保持发根附近蓬松自然。

3 将头发拧转至右侧耳朵的上方，用小发卡固定好。

4 将剩余的头发全部拨到右侧，并拧转发梢。

5 将拧转好的发梢用小发卡固定在右耳上方，并把碎发整理好。

6 在右耳上方别上可爱的蝴蝶结发饰即可。

以蓬松纹理取胜的低盘发

如果发量够多，则可以打造出纹理丰富的发髻，还要注意将头顶位置的头发做出蓬松感。这样的发型设计即使全部展露额头，也不会让人觉得"土气"，可使人充满成熟感。

Side

此发型即使露额头也不会使人觉得"土气"。

1 将梳理好的头顶的头发在脑后拧转，并用小发卡固定好。

2 将披散的头发从中间一分为二。

3 把左边的头发拧转，盘在头的左后方，用小发卡固定好。

4 同样，将右边的头发拧转。

5 将拧转好的头发盘在头的右后方。用手拉松两边的头发，使其蓬松自然。

6 选择喜欢的公主系发箍，将其戴在头上即可。

153

Side

典雅复古的刘海儿给随意
的卷发增添了一分乖静感。

Back

发卷集中在头发中部和
发尾处，看起来有发量翻
倍的效果。

风情妩媚的单身派对发型

　　卷发棒可将头发处理得极具层次感，使发型蓬松、张扬。将双鬓的头发拧转成
发束向后固定，使大量散落的卷发变得不再凌乱，可成功打造 V 形脸。

1 整理头发，喷上发胶，使头发更加容易打理。

2 用一只手拉住发尾，另一只手的手指夹住发片，手背朝上往上推。

3 取脸部两侧的部分头发，用卷发棒倾斜向外翻卷，形成自然外翻的弧度。

4 采用平行烫法卷烫后面的头发，烫至与耳尖平行的位置。

5 采用内外卷交叉的卷发方式烫卷头发，以丰盈发量，使发卷看起来更加明显、立体。

6 检查是否有直发，如果有，则要重新烫卷。

7 划分出刘海儿，将后面要盘起的头发用卷发棒纵向烫卷。

8 取右侧一束头发，分成两份，交叉拧转成一条发辫。

9 将发辫拉至后脑勺处，并用发卡固定。左侧的头发采用同样的手法处理好。

10 将发辫尾端按顺时针方向扭成一个发圈，并将发尾藏在发圈下，用发卡固定好。

11 使卷发棒倾斜，将预先留好的刘海儿外翻卷至发根。

12 将卷好的刘海儿自然地插入右侧盘好的头发里，使刘海儿看起来有自然向外翻卷的弧度。

充满创意的魅惑猫耳发型

参加单身主题派对的主要目的之一是展现个性，那么在发型设计上应不拘一格，考虑加入更多的新鲜元素。设计出的两个对称的发髻非常有个性，必定能让你成为派对的焦点。

Side
发型的亮点在于头顶的对称发髻设计，使人显得可爱、俏皮。

1 留出刘海儿，在头顶两侧分别取一股少量的头发并用皮筋扎好。

2 将两侧扎好的头发向上推，使之形成猫耳的形状，用小发卡固定。

3 用手轻轻拉扯整理头顶处的头发，打造蓬松、自然的效果。

4 将两股头发的发尾合并在后脑勺处，扎上精巧的蝴蝶结。

5 用直径为 28 mm 的卷发棒整理头发，让头发自然卷曲。

6 用卷发棒将刘海儿内扣烫卷，让头发更具整体感。

诠释性感的大波浪偏分发型

大波浪偏分卷发让性感风情最大限度地得以展现，一侧蓬松的外卷发丝与另一侧通过编发而变得平贴的效果形成对比，显得妩媚又不失个性。

Side

一侧平贴的发辫和另一侧蓬松的卷发形成强烈的对比美。

1 从左侧鬓角处开始编两条三股辫，耳朵上方发辫的发量稍少一些。

2 将靠上的三股辫用皮筋扎好并固定，另一条三股辫则用小发卡固定好。

3 将剩余的头发全部往右侧梳理，用直径为 28 mm 的卷发棒将其烫卷。

4 将两个小巧的发卡别在左侧耳朵上方的位置，让编发更加精致。

5 用吹风机朝着松散的头发根部吹理，让头发根根分明，增添其自然蓬松感。

6 将蓬发剂喷洒在发根上，让造型更加持久。

Side

可爱又俏皮的猫耳造型
洋溢着青春活力。

Back

只有 1~2 个卷的发尾，
既不呆板，也不过分夸张。

前卫俏皮的 主题派对发型

　　参加主题派对时不建议采用盘发造型，发型设计可以大胆而具有新意。在头顶上做成猫耳朵造型，会使人更显俏皮。

1 分出刘海儿，用卷发棒将发尾水平向内卷半圈。

2 将头发分为左、右、后三区，并将后区的头发分为若干等份。

3 将左区和右区的头发用卷发棒纵向向外翻卷至发根，形成向外翻卷的弧度。

4 左区和右区的头发采用内外交叉的方式进行卷烫，使发卷更加蓬松、明显。

5 开始卷烫后区的头发。卷烫的时候将卷发棒停留久一些，让卷度更加明显。

6 烫卷后区的头发时，用卷发棒水平从发中开始卷烫至发根。

7 用手插入发根，由内向外拨散发卷，喷上发胶，使发卷形状更持久。

8 用一只手拉住发尾，另一只手的手指夹住发片，手背朝上向上推，以增强头发的蓬松感。

9 喷发胶。用手抓取发卷，往上推并轻轻揉搓，使发卷均匀地沾上发胶，进而更具弹力感。

10 从两侧额角处抓取等量的头发。

11 将头发往后扭转并稍微向前推，用发卡固定在后脑勺上方。另一侧的头发用同样的手法处理。

12 戴上发饰。

清新自然的韩式空气感披发

　　打造蓬松的空气刘海儿，披散的长发以松散的方式集中成一束，搭配一条色彩艳丽的发带，塑造韩式风格自然发型，给人以清新的感觉。

Side

彩色发带与松散侧披发营造出清新感。

1 　留出刘海儿，从右侧分出一股头发，将皮筋扎在头发中间的位置。

2 　将分出的头发拧转一圈后在右耳后方用小发卡固定好。

3 　从后区右侧再取一股头发，与第一股头发的发尾扎到一起。将扎好的头发向上提起并固定。

4 　将内卷的头发理出纹理，用多个小发卡固定。

5 　将发带从颈后绕至头顶，扎成蝴蝶结状。蝴蝶结在头顶偏右侧扎好。

6 　将余下的头发拨到左侧胸前，整理好发尾，让头发显得整洁、自然。

唯美乖巧的森系主题发型

主题派对的环境氛围较轻松，在发型设计上借助拧转手法相比编辫更有闲适的随性感觉，搭配一些花朵发饰更容易达到"减龄"效果。

1 留出刘海儿，从左侧取一小部分头发握在左手中。将右耳水平线以上右半边的头发拧转后用发卡固定。

2 将左手握着的头发之外剩余的头发分成发片，逐片加入拧转中，合成一股头发。

Side

花朵发饰具有明显的"减龄"效果，引人注目。

3 将头发拧转到左耳下方，用发卡固定好。

4 将左侧留出的头发拧转至发尾，直到发根变紧。

5 将拧好的头发靠拢并扎在第一股头发的固定处。

6 在左耳上方戴上花朵发饰，以修饰发型。

Side

过肩的中长卷发，随意又自然，具有浪漫的小女人味道。

Back

发卷集中在头发中部以下位置，不会显得过于凌乱。

突出率性热力的丰盈卷发

针对头发又多又长的客人，不一定要考虑设计各种繁复的发型。以一头丰盈的卷发出席派对亦能展现浪漫、潇洒的气质。将所有的头发分片烫卷，注意两鬓的发丝要以外卷的手法进行处理，让发型显得动感十足。

1 将头发三七分，选取分缝两侧的头发，用卷发棒稍微夹一下，使头顶的头发自然蓬起。

2 选取右侧靠近脸颊的头发，用卷发棒将头发纵向烫卷至发根。

3 将右侧的头发分为上下两层，用卷发棒将下层的头发倾斜向内卷至发中。

4 卷烫右侧下层的头发。

5 用卷发棒将偏分的刘海儿倾斜向外翻卷至发根。

6 将刘海儿分为3份，轻轻推高，然后往后固定在头顶区。

7 将刘海儿剩余的头发拧在一起，用长发卡固定。

8 取左侧脸部附近的一束头发，用卷发棒纵向将其向外翻卷至发根，形成自然外翻的弧度，以修饰脸部线条。

9 从刘海儿左侧取一束头发，用卷发棒将发尾向外卷烫一圈。

10 按顺序将头发全部卷烫完后，用按摩梳轻轻梳散卷发。

11 用一只手拉住发尾，另一只手的手指夹住发片，手背朝上往上推，以增强头发的蓬松感。

12 将手指插至头发根部，由内向外拨散头发，同时喷发胶定型即可。

甜美风格的生日派对发型

想要打造乖巧的形象，可以尝试将头发全部收拢起来，编成蜈蚣辫，然后处理成一个自然的低发髻。此外，可通过发带等发饰修饰发型，以凸显美感。

Side

系发带会使人物形象更甜美。

1 从右侧刘海儿开始编蜈蚣辫。

2 一直将蜈蚣辫编至发尾，用皮筋固定。

3 以同样的手法将另一侧的头发编成蜈蚣辫。将两侧的辫子在脑后下方盘起，用发卡固定。

4 用手指将头顶的头发轻轻向上提，令造型饱满。

5 选择一条发带，从头顶经两边绕至脑后。

6 在脑后将发带绑一个结，让整体造型充满复古、温婉的美感。

可爱风格的休闲聚会发型

将头发分成几份，每份做好造型后再集中在一起，可以营造出头发丰盈的感觉，增强发型的层次感。保持头发微微松散的状态，让发丝软软地搭在一侧肩头，可增添甜美的味道。

Side

发饰的风格与发型相协调，显得飘逸而不失甜美。

1　留出刘海儿，将顶区的头发在右耳后绑成紧贴头皮的半马尾。

2　在皮筋1 cm处头发中间挖一个小洞，将马尾从中穿过。

3　将剩余的散发按1：2的比例分成两份，并用皮筋把右边头发的发尾扎成圆形。

4　把右边发量较多的一股头发向上盘起，用小发卡在靠近半马尾处固定。

5　将左边剩余的一股头发用皮筋扎在中间部位。

6　将左侧的头发盘好，将花朵头饰固定在右侧。

Chapter 6

摄影时尚造型

摄影时尚造型最考验发型师的设计能力，多样化的
摄影主题对发型的丰富性要求相应变得更高。本章提供
的详细案例能帮助发型师轻松掌握发型设计方法，激发
更多的灵感，积累创作经验。

摄影发型设计的要点

摄影时尚造型对发型师的要求较高。专业发型师要善于熟练进行发型设计，学会与服饰搭配，掌握假发、头饰等的基本使用技巧，同时具备能根据摄影主题设计出相应发型的能力。

📢 长发的设计要点

披肩长发的设计要点在于让头发变得蓬松。不管是长直发还是长卷发，都容易因为头发较重而使发根部分变得平塌。这时，可以利用定型喷雾等产品或打毛手法等将发根部分打理出蓬松效果。

盘发的设计技巧是根据分区做盘发造型，主要包括上盘包发、中盘卷发、低盘韩式发型、上侧盘或顶盘丸子头、下侧散发或下盘丸子头。在造型过程中要重视分区的手法动作，选用尖尾梳能令造型分区更轻松。

玉米须发型主要针对一些发量较少的长发人群。不论是披发还是盘发，在设计发型之前必须靠近发根位置开始夹玉米须，不必烫至发尾，目的是使发量增加，便于造型。

📢 短发的设计要点

吹发能够打造出短发发型的层次感和纹理的美感。短发吹风要分层进行，从头发底层开始吹。可以以手代梳，在根部喷些发胶，吹低热风，这样就能吹出蓬松、有光泽的自然短发发型。抓发时，将发蜡在掌心抹开，手指伸入发根处，把头发从发根往上拉，从两侧向中间区抓，借助手部的抓搓动作将偏短的头发打理出纹理。

卷发也是进行短发设计的一种好方法，利用直径较小的卷发棒卷出小卷，可以制造出短发的蓬松感。短发卷发可以将内卷和外翻卷相结合，再进行打毛处理，就可以设计成具有凌乱感的蓬松卷发。

📢 假发的设计要点

使用假发时要先将其固定在真发上。接假发片前要先将客人的头发梳理整齐，再将假发固定在合适的位置。为了美观，应隐藏好假发片与真发片的接口，用梳子将真发和假发片一起梳理一下。

真假发的衔接要自然。假发发量多的可将发卡的间距锁定为 2 cm，发量一般的可调整为 3 cm，发量少的则可调整为 4 cm。此外，还要注意发色应统一。

● 根据服装类型挑选发饰

古装
模特或客人要换上古代的服装，发型要配合复古的头饰，选择搭配笄、簪、钗、环、步摇、凤冠、华盛、发钿、扁方、梳篦等发饰，重现古代女子形象。

婚纱
婚纱以白色为主，纱质轻柔、蓬松，与一些质感剔透、光泽闪亮的发饰搭配较为合适；同时，与婚纱材质接近的发饰搭配也能彰显和谐的特点，如蕾丝发带等。

旗袍
旗袍主题摄影旨在表现优雅韵味，具有一定的复古感。旗袍服饰缎面光洁、有光泽，搭配的发型应以复古盘发为主，其中手推波纹发型最贴合主题，同时注意不应选用太前卫的现代发饰。

礼服
礼服包括各类晚礼服、蓬蓬裙等，所选发饰的风格应与服装风格尽量保持一致，甚至可以选用一些造型夸张、设计精美的发饰，通过发型与发饰相结合来强化礼服主题摄影的表现力。

Side

自然散落在肩部的发丝
可起到修饰脸形的作用。

Back

自然的感觉就是让柔软
的卷发全部置于背后。

自然风格主题的甜美发型

此发型适合自然感觉的主题摄影，不需要刻意去打造繁复的盘发、编发等，借助卷发棒对头发进行卷烫。注意保持发型的蓬松感，这样才能达到最佳效果。

1 将前区的头发中分，并将右侧的头发分为上下两层，上层用发卡固定。

2 用大号卷发棒向外卷烫右侧下层的头发。

3 卷烫左侧下层的头发。

4 将上层的头发放下，用尖尾梳梳理整齐。

5 卷烫右侧上层的头发，使其向外卷曲。

6 左侧上层的头发用同样的方法烫卷。

7 烫好之后，用手轻轻拧转发尾。

8 将头发都整理到左侧，用手轻轻拧转。

9 用一只手捧住发尾，另一只手持吹风机轻吹发尾。

10 在发尾处喷适量的定型喷雾。

11 用手轻轻拉扯发尾，使造型更加自然。

12 选择一款适合自己的头箍，戴上即可。

Side

将编好的发辫缠绕在头顶，使人充满风情。

Back

微微卷曲的发丝令发型更加自然，没有做作的感觉。

清新文艺主题的编发发型

不用借助发饰就能打造出波西米亚风格发型的诀窍在于，能够恰当地发挥发辫的作用。将几根编好的细发辫整齐、集中地沿着发际线缠绕一圈，瞬间体现出一种波西米亚浪漫风情。

1 将头发梳理整齐，用卷发棒卷烫右侧的头发。

2 继续卷烫剩余的头发，使其更加卷曲。

3 卷烫刘海儿，使其微微向内弯曲。

4 卷烫左侧的头发，使两侧头发对称。

5 用尖尾梳整理出右耳上方的头发。

6 将这缕头发编成三股辫，绕过头顶，用U形卡在左耳后方固定。

7 从左侧耳后取一缕头发，编一条三股辫。

8 继续编三股辫。

9 将三股辫编好并用皮筋扎好。

10 从发尾中取一缕头发，将其绕在皮筋的位置。

11 将这条三股辫同样绕过头顶，用U形卡固定在右耳后。

12 调整三股辫的位置，再用U形卡固定一次，使其更牢固。

Side

两鬓微微隆起的设计，让发型看起来更饱满。

Back

圆形发髻未免显得太单调，结合一条横向发辫则更显可爱。

乖巧可人的邻家女孩发型

将长长的头发聚拢打造出的圆形发髻最显乖巧可人。为了使发型更美观，还可以编一条辫子。这种发型适合邻家女孩等清新形象的主题摄影。

1 从右耳上方分出两股头发，发量要均匀。

2 将两股头发相互缠绕至发尾并用皮筋扎好。

3 从左耳上方同样分出发量相同的两股头发。

4 同样将两股头发相互缠绕并用皮筋扎好。

5 将剩余的头发全部穿过盘发海绵，注意根据发量选择海绵。

6 将头发缠绕在盘发海绵上，使其均匀分散，形成一个发髻。

7 用多个U形卡固定发髻。

8 调整头发，不要露出盘发海绵。

9 将左侧拧转好的头发从发髻上绕过，将发尾固定到发髻上。

10 右侧拧转好的头发采用与左侧相同的手法处理。

11 使两股拧发均匀地缠绕在发髻上，并做调整。

12 用尖尾梳轻挑后脑勺处的头发，使其蓬松、自然。

Side
外翻卷刘海儿与柔软的
卷发发丝搭配完美地塑造
出了甜美的新娘形象。

Back
半盘发主要以花形发髻
凸显新娘可爱的形象。

度假风格主题的外翻卷发型

度假风格摄影的主题在于轻松、闲适，所以不适合采用规整的全盘发造型。半盘发搭配丰盈的卷发，再结合外翻卷的刘海儿，让发型充满动感和活力。

1 用尖尾梳将头顶的头发梳理出来。

2 从耳后上方开始，将头发分成上下两部分。

3 抓住上部分的头发并拧转几次，用U形卡将其固定。

4 将发尾分成两股，相互拧转。

5 将上部分头发拧转至发尾后，将其盘起并用U形卡固定。

6 轻轻地整理剩余的头发，将其全部拨到肩膀前方。

7 在剩余的头发上喷一些定型喷雾。

8 一边用筒梳梳理头发，一边用吹风机吹头发。

9 用卷发棒烫卷头发，使其轻微卷曲。

10 两鬓处的头发用卷发棒向内烫卷。

11 用卷发棒烫卷刘海儿，使其微微外翘即可。

12 选择一款优雅的发饰，戴在头上，发型完成。

Side

大型的蝴蝶结发饰极具
存在感，可展现出少女的可
爱气质。

Back

蜈蚣辫搭配花苞发髻可
加强发型的纹理感和蓬松感。

闺密主题的少女系花苞头发型

　　要想打造出彩的花苞头，就要在发髻中加入更多的美感元素。花苞发髻与蜈蚣
辫的结合给发型增添了精致的纹理效果，即使闺密打造同样的发型也无妨，都能展
现少女气质。

1 用鬃毛梳将全部头发打毛。

2 从后发际线处开始编蜈蚣辫，一直沿着脑后向上编，编至耳朵上方。

3 用一只手握住头发，另一只手整理编好的辫子。

4 将剩余的头发用皮筋扎成马尾。

5 从马尾中取出一小股头发。

6 将小股头发卷成卷筒状，用U形卡固定。

7 继续从马尾中分出数小股头发，分别卷成卷筒后用U形卡固定。

8 较长的头发可以弯曲打折之后再固定。

9 检查剩余的头发是否零散，将其整理好。

10 用U形卡将整个花苞头加固。

11 用手轻轻抓起头顶处的头发，并喷定型喷雾。

12 戴上蝴蝶结头饰，将蝴蝶结置于侧面会更显甜美感。

Side

搭配一个精致的发饰，
更能展现出新娘的柔美气质。

Back

侧边的发辫是整个发型
的亮点，散落的头发无须再
进行打理。

异域风情主题的唯美发型

异域风情主题发型的亮点在于精致的发辫，注意不要编成粗大的辫子。将发辫
集中在一侧不会显得累赘，配合一些精致的小型发饰，更能凸显发型风格。

1 将头发理顺，用大号卷发棒将发尾烫卷。

2 按照一内一外的顺序烫发，如一撮头发从内向外卷，其旁边的一撮就要向相反方向卷。

3 用筒梳与吹风机将伏贴的发根吹蓬松。

4 将左侧耳后位置的头发编成三股辫，用皮筋固定。

5 用尖尾梳梳理出发辫上方的头发。

6 用尖尾梳将整理出的头发梳理整齐。

7 将选出的头发梳理通顺后，将其分成三等份。

8 将分好的头发从上至下编三股加一辫后转编三股辫。

9 编到发长的2/3时，将发辫拉紧，并选出一股较长的头发。

10 将选出的头发绕发辫缠一圈。

11 缠好圈后将发尾穿入洞中，并且拉紧。

12 在左耳上方佩戴一个与服装相搭配的发卡。

181

Side

长长的发带沿着发辫纹理加入编发中，显得浪漫而休闲。

Back

从发根开始编发，可使整个发型看起来更有立体感。

休闲主题的随性发型

　　侧编的发辫使发型更显休闲。普通的三股辫容易显得"土气"，将一条发带沿着发辫的纹理编入发辫中，既能保持发辫的蓬松性，又可以轻松地将休闲而甜美的风格展示出来。

1 将头发全部整理到右侧胸前。

2 戴上有较长发带的头箍。将发带与头发放在同一侧。

3 将侧分好的头发编成三股加二辫，编至耳朵下方。

4 将发带加入头发中一同编发辫。

5 将发辫编至发尾，再把发带分出来。

6 用皮筋扎好发尾。

7 将剩余的发带打成蝴蝶结，轻轻拉扯发辫，使其更加蓬松。

8 调整头顶处的头发，使其更加整齐、自然。

9 检查蝴蝶结是否匀称，根据需要调整蝴蝶结的大小。

10 用若干个U形卡固定后脑勺处的发辫，使其更加牢固。

11 用卷发棒卷烫刘海儿，使发尾更自然。

12 用U形卡把刘海儿的发尾固定在右耳上方。

Side

双发辫是打造"减龄"
发型的不错选择。

Back

蜈蚣辫比普通的三股辫
更显灵巧。

学院风主题的"减龄"发型

学院风主题的发型注重"减龄"效果，而双发辫是首选。从发根开始编蜈蚣辫，使发辫具有更精致的纹理，发尾保持蓬松，可强化可爱感。

1 将头发分为两份，不必分得过于均匀。

2 将右侧头发处理好，处理方法与左侧相同。用尖尾梳理顺左侧的头发。

3 从左侧耳后开始将头发分成3股。

4 从头顶的位置开始编蜈蚣辫，之后编三股辫。

5 将发辫编至头发中段时用皮筋固定。

6 从发尾中抽取一缕头发，缠绕在皮筋上。

7 用卷发棒将发尾烫卷。

8 从发尾中取几缕头发向内烫卷。

9 用尖尾梳将刘海儿梳理整齐。

10 用卷发棒将刘海儿向内烫卷，使其更蓬松。

11 用手轻轻拉扯辫子的顶端，使其更蓬松。

12 同样用手轻轻拉扯发尾处，让发尾更加蓬松。

Side

将头顶的头发打造得更
蓬松可增添动感。

Back

自然垂落的长马尾适合
进行动感拍摄。

运动风主题的活力发型

　　运动风主题摄影不同于摆拍，发型不用花费过多时间进行设计，只需要将自然卷曲的头发扎成高马尾并保持蓬松状态，这样随着动作的起伏，自然垂落的马尾就会表现出动感效果。

1 用尖尾梳整理顶区的头发。

2 将顶区的头发向后梳理，用尖尾梳轻轻地将发根打毛。

3 打毛后的头发表面梳理整齐，向上推，用U形卡固定。

4 将剩余的头发用尖尾梳向上梳理。

5 用黑色皮筋将梳理整齐的头发在右上方扎成一条高马尾。

6 将清水轻轻地喷洒在发尾上。

7 用海绵卷发棒缠绕马尾处的头发，使其微微卷曲。

8 用海绵卷发棒缠绕发尾，使发尾更加卷曲。

9 将头发绕在海绵卷发棒上，让发尾的弧度更自然。

10 在发尾处喷洒定型喷雾，让发尾的造型更持久。

11 用手轻轻拉扯马尾，使发尾更加蓬松。

12 选择一款简单的发饰，将其扎在马尾根部即可。

187

Side
发根的部分保持蓬松感
会让发型更饱满。

Back
丸子头的发髻部分是由
发辫相互缠绕而成的，纹理
很丰富。

芭蕾舞者主题的清爽发型

芭蕾舞者主题摄影不适合披发发型，尽量不要出现散落的发丝。打造清爽、利落的形象时，纹理丰富的丸子头最合适。

1 将头发理顺，扎成一条高马尾。

2 取高马尾二分之一的头发。

3 将所取的头发编成三股辫。

4 抓住三股辫中的一缕头发，将剩余的发辫往上推。

5 把推松的发辫绕着另一半马尾按顺时针方向绕转，用U形卡固定。

6 将另一半马尾用同样的手法编成三股辫。

7 同样从三股辫中取一缕头发，然后将发辫向上推。

8 将推松的发辫按逆时针方向绕转并固定，形成丸子头造型。

9 用U形卡固定好丸子头，用手轻轻拉扯丸子头四周的头发。

10 将尖尾梳轻轻插入头发并向上挑，使丸子头更蓬松。

11 用手指在头顶抓出纹理，喷定型喷雾定型。

12 用手指做最后的整理即可。

Side

从侧面依然可以看出柔软卷曲的发丝状态。

Back

略微松散的发髻是避免发型显得"老气"的秘诀。

典雅贵妇范儿的中分发型

典雅的形象往往需要通过盘发进行塑造，但是盘发容易让人显得"老气"。将头发进行中分处理，可以起到修饰脸形的作用，松散的低发髻能使新娘更显优雅。

1 将左侧的头发梳理整齐，用卷发棒烫卷。

2 右侧的头发同样用卷发棒烫卷。

3 将头发分成3份，均编成三股辫。

4 三股辫编至发尾，用皮筋固定。

5 编发完成后的效果。

6 将3条三股辫均慢慢向内卷起，将发尾藏好。

7 将卷好的头发用U形卡固定。

8 将3条发辫调整好位置，再次固定。

9 用卷发棒烫卷左侧的刘海儿，使其自然卷曲。

10 右侧的刘海儿同样用卷发棒烫卷。

11 喷定型喷雾定型。

12 佩戴一款与服饰相协调的头箍。

Side

发尾微微卷曲、自然散落，俏皮感自然流露出来。

Back

将头顶的发包设计成对称的猫耳朵形状，有利于强化主题。

野性猫咪主题的俏皮发型

　　野性猫咪主题发型的打造重点在于使头顶的头发形成两个猫耳朵形状的发包，让摄影主题在发型上得到鲜明的体现。稍微对发尾进行处理，使其微微卷曲，可以让俏皮的感觉自然流露出来。

1 将所有头发梳理
整齐，用卷发棒将头发
向外卷烫成螺旋状。

2 抓住发尾的几根
发丝，将烫好的卷发往
上推，打造出蓬松感。

3 将蓬松的头发打
散，喷定型喷雾定型。

4 取右侧耳朵上方
的头发，用尖尾梳将发
根打毛，并将表面梳理
光滑。

5 将梳理出的头发
拧转成一股。

6 将拧转的头发向
上推起，并用U形卡固
定。在另一侧耳朵上方
同样取适量的头发。

7 用尖尾梳将头发
的根部微微打毛，再将
表面梳理光滑。

8 同样将头发拧
转，向上推起，并用U
形卡固定。

9 用U形卡将头
发固定牢固。

10 用双手调整隆起
的头发，使其弧度饱满。

11 用卷发棒将较长
的刘海儿烫卷。

12 将剩下的刘海
儿内扣烫卷，再将其整
理好。

Side

轻轻拨乱的卷发看起来
更加随意、自然。

Back

卷曲的发梢彰显了女性
的妩媚气质。

私房照主题的性感发型

　　大波浪长发能体现出女性迷人的气质，就连发梢也变得妩媚动
人。将卷曲的头发稍稍拨开，营造一种自然卷曲的感觉，特别适合私房照等性感主题摄影。

1 用玉米须夹板夹卷头发根部,使发量充盈。

2 将头发分为上下两区，将上区的头发用发卡暂时固定。

3 取一层下区的头发，用卷发棒按逆时针方向烫卷。

4 接着按顺时针方向再烫卷一次。这样交替烫卷可以使头发更蓬松。

5 将卷好的头发用发卡固定。

6 从下区右边开始，挑选一缕头发，用卷发棒由下往上翻卷2~3圈。

7 采用同样的方式依次卷烫，直至烫完所有下区的头发。

8 刘海儿根部也用卷发棒由外向内翻卷一圈，使发根蓬松。

9 在刘海儿根部撒上适量的蓬蓬粉。

10 用指腹轻轻按压撒有蓬蓬粉的部位。

11 将少量发泥抹于手掌中，用指腹轻轻揉搓后擦在头发上。

12 喷定型喷雾定型。

195

Side

高耸的发包搭配长直发
显得干净利落，非常大气。

Back

干净利落的长发在 T 台
上有种飘逸的感觉。

水下主题的清新感发型

黑色直发最能体现亚洲女性的气质，小半屏山发型让整个造型更有气势。要注意将长长的头发仔细打理整齐，这样才能在拍摄水下主题的照片时，让每一缕头发都展现出流畅的线条，显得格外迷人。

1 用玉米须夹板夹一下头顶的头发和刘海儿，让头发更加蓬松。

2 用直板夹处理发尾，让头发看起来更加柔顺。

3 将头发分为上下两区，接着分出右耳上方和左耳上方的头发。

4 将右耳上方的头发收到后脑勺处，并用发卡固定。

5 左耳上方的头发采用与右耳上方的头发相同的手法处理。

6 用尖尾梳整理上区的头发，然后分出一半的头发。

7 用尖尾梳将分出的头发打毛发根。

8 将上区剩下的头发也进行打毛。

9 刘海儿同样也要打毛，然后用尖尾梳梳平表面的头发。

10 用喷水壶在离头发稍远处将水轻轻喷洒在头发上。

11 用尖尾梳顺着发型慢慢将零散的发丝梳理整齐。

12 喷定型喷雾定型。

Side 侧面盘发的时候注意保持发丝整齐，以展示清新气质。

Back 背后的盘花发髻如果处理得当，能使人显得端庄、典雅。

苗族风情主题的华丽发型

为了配合华丽的头饰，苗族风情主题摄影所采用的发型一定要在发型的持久度上下足功夫。所以，要耐心地将发髻盘好。

1 用尖尾梳将头发适当分区，留出两边耳际位置的头发。

2 将中间那束头发用与发色相近的皮筋扎成低马尾。

3 将马尾分成两束。

4 将左边的那束头发往同一个方向拧转。

5 将拧转好的头发盘到马尾根部，用一字卡固定好。

6 将右侧那束头发也向同一个方向拧转。

7 将拧转好的头发盘起并固定在发根位置，形成一个发髻。

8 将左边留出的头发编成三股辫。

9 将编好的三股辫以绕圈的形式固定在发髻上。

10 右边剩余的头发采用与左边相同的方式编成三股辫。

11 将三股辫圈在发髻的最外围并固定好。

12 用定型喷雾将编好的发髻定型。

Side

如果担心发型会显得呆板，可以采用玉米须夹板处理头发后再编发，会显得更有活力。

Back

朝鲜族风情主题发型简约庄重，发髻上方的编发显得别出心裁。

朝鲜族风情主题的端庄发型

拍摄朝鲜族风情主题照片时，发型的特点在于整齐端庄，整体上干净利落，对细节的处理细致、干脆。如果觉得发型过于简单，配上恰当的发饰即可。

1 用尖尾梳的尾部对头发进行中分处理。

2 前面右侧的头发沿着发际线编三股加二辫。

3 前面左侧的头发采用与右侧相同的手法处理。

4 用皮筋将剩余的头发扎成低马尾。

5 用尖尾梳将马尾均匀分成上下两束。

6 将上面那束头发的前半段向上绕圈。

7 用发卡固定好发圈，将余下的发尾横向绕到左侧。

8 用同样的手法将下面的头发打一个侧面的发卷。

9 将剩下的发束竖着向上在另一侧对称打卷，形成一个发髻。

10 对发髻的4个大卷进行调整。

11 将左边的发辫绕着上部分发髻打圈并固定。

12 将右边的发辫用同样的手法打圈并固定。

Side
将三股辫与马尾搭配会
有森女风的感觉。

Back
灵动活泼的高马尾体现
出蓬勃的朝气。

侗族风情主题的灵动发型

这款发型的刘海儿非常具有民族特色，只有宽额角的人才能撑得起如此具有特色的造型，具有民族特色的发饰是整个发型的亮点。

1 用玉米须夹板夹烫所有的头发。

2 将刘海儿分成大偏分，并用尖尾梳将刘海儿挑分出来。

3 将后面的头发分为3份，将中间部分用发带束成高马尾。

4 将右侧的头发等分成三股，编成三股辫后用皮筋固定发尾。

5 将左侧的头发同样编成三股辫。

6 将两侧编好的三股辫均在马尾根部缠绕，用发卡固定好。

7 抓取左侧额角的头发，向后编成三股辫，用皮筋固定发尾。

8 将编好的三股辫绕过马尾并固定。检查一下马尾根部，将发辫的发尾和松散的发丝用发卡藏好。

9 用尖尾梳打毛刘海儿，将发根打蓬，接着轻轻将刘海儿表面梳理整齐。

10 从发尾开始将刘海儿由外向内翻卷至发根，用发卡固定两侧。

11 用假发片盖住刘海儿做成的小发包，整理好发丝后用发卡固定。

12 喷定型喷雾定型。

Side

将前额的头发分线后编
成发辫向后拉，更显气质
独特。

Back

双层编发创意十足，独
具风情又简单易学。

印巴风情主题的魅力发型

浪漫的卷发更能展现出女子的魅力和气质，发卷不宜过小或过大，配合简洁的
编发，能够让发型更有造型感。

1 用小号卷发棒从左侧开始将头发烫卷。

2 将头发分片烫卷，卷烫时尽量使卷发棒保持垂直。

3 将头发卷烫至右侧。

4 从左侧耳朵上方取一束头发并梳理好。

5 将这束头发平均分成两股，将两股头发横向拧转，并不断在垂发中穿插。

6 将这两股头发一直拧转和穿插至右侧，将发尾拧转。

7 用黑色小发卡将拧转的发尾固定好。

8 用尖尾梳在左耳上方挑出一束头发。

9 同样将这束头发平均分成两股。横向拧转这两股头发，并将小股垂发穿插进来。

10 依次将上层拧转所穿插的头发插入下层的两股头发中。

11 将头发拧转至右侧后同样用小发卡进行固定。

12 喷定型喷雾定型。

Side

高高的发髻和略微披散的头发,让发型不那么单调。

Back

背面同样让人觉得气质不减,端庄而又柔媚。

日式风情主题的端庄发型

高高的发髻展现出端庄的气质,配合着和服的优雅韵味,充分展现出日式风情,同时让人物看起来更加娇小可爱。

1 把刘海儿处的头发扎好，将剩下的头发梳理整齐。

2 把剩下的头发扎成一条高马尾。

3 松开刘海儿处的头发，并用尖尾梳进行打毛。

4 把刘海儿处的头发梳成一个发包。

5 用尖尾梳将发包进行提拉，使其更加蓬松。将发尾内卷，置于马尾上方。

6 将发包固定好。梳理马尾左上方的一股头发。

7 用尖尾梳的尾部将这股头发绕成卷筒。

8 将绕成卷筒的头发固定好，再梳理右上方的一股头发。

9 用尖尾梳的尾部分出这股头发。

10 将这股头发也绕成卷筒并固定好。

11 调整两个卷筒，使之合并成一个。

12 喷定型喷雾定型。

Side

干净的盘发能让拉丁舞者在比赛时更好地展现舞蹈动作。

Back

利落的盘发搭配精美的发饰，能够充分展现拉丁舞者的气质。

拉丁舞者主题的热辣发型

对于拉丁舞者来说，发型的简洁大气和精致牢固都是十分重要的。所以，这款发型从这两个角度出发，每一条发辫都仔细编织，再搭配闪亮的发饰，确保与主题贴合。

1 用玉米须夹板将梳理顺直的头发做蓬松处理。

2 用尖尾梳将前区的头发做好五部分的分区，并做蓬松处理。

3 将前区最右边的头发编成三股加二辫。

4 将前区第二股头发也编成三股加二辫。

5 前区中间的头发编成较细的三股辫。

6 前区第四股头发采用与第二股相同的方式处理。

7 前区最后一股头发编成三股辫，可以编得细一些。

8 用尖尾梳把发辫的根部挑松一些。

9 将所有的头发扎成一个稍高的马尾。

10 将马尾分成三束，编成三股辫。

11 将三股辫盘成发髻并固定好。

12 喷定型喷雾定型。

Side

不规则的编发手法让三股辫显得既蓬松又简洁，实用性更强。

Back

将头发分束编织的做法柔化了探戈发型的严肃感，增添了女性的温柔气质。

探戈舞者主题的韵味发型

打造探戈舞者主题的发型重点在于体现出韵味，适合用中长卷发来表现。将头发打理出自然的发卷，再将其松散地编成侧放的发辫，可展现女人的千般韵味。

1 用玉米须夹板将靠近发根处的头发烫卷。

2 用卷发棒将头发分束烫卷。

3 用尖尾梳将头顶的头发分束挑起，适当将发根打毛，使头顶的造型更加饱满。

4 放下头发，用发蜡整理毛糙的发丝。

5 用尖尾梳将头发自然分线。

6 取右侧一半发量的头发，向左编成一条三股辫。

7 将编好的三股辫适当拉松，形成饱满蓬松的发辫。

8 将左侧的头发也编成三股辫。

9 用同样的方法将编好的发辫拉松。

10 将两条发辫均置于左肩处，拧转后合为一束，注意发辫不必编得太过紧实。

11 用卷发棒加强刘海儿的卷翘程度。

12 喷定型喷雾定型。

Side

大偏分很好地修饰了面
部线条，带有复古风格的低
盘发使人显得典雅而温婉。

Back

黑色的发色与这款盘发
的古典气质相得益彰，突出
了东方美人的特征。

典雅风主题的复古发型

　　这款低盘发稍微偏向右边，耳侧微微外翻的样式和前额大偏分刘海儿平滑的线
条增添了不少复古味道，将女性妩媚动人的特征完美地展现了出来。

1 将头发分成若干份，用卷发棒依次烫卷。

2 用尖尾梳的尾部挑分出刘海儿部分，形成大偏分刘海儿。

3 将发量较多的刘海儿部分用尖尾梳打毛，使刘海儿看起来更加蓬松。

4 抓取左耳附近的头发，分成两股，开始扭转。

5 在扭转的同时不断加入旁边的头发，注意要拧紧。

6 将拧转的发辫用发卡固定在后脑勺偏右侧的位置。

7 将发尾绕在一起，用发卡固定在发辫的下方，形成一个发髻。

8 抽取右耳后方的头发，分成两股后拧转。

9 在拧转好的发辫发尾打一个结，用发卡将发辫固定在发髻上。

10 将右侧剩下的头发按逆时针方向拧转，并由下往上缠绕在发髻上。

11 将发尾塞到发髻里面藏好，并用发卡固定。

12 喷定型喷雾定型。

213

Side

仿若波浪的刘海儿造型是打造复古发型的基本元素。

Back

低发髻端庄而复古，赏心悦目。

旗袍主题的优雅发型

这是一款改良版的手推波纹复古造型，刘海儿区的大卷使发型更具时尚气息，低发髻让发型更加饱满，适合拍摄旗袍主题等具有复古意味的照片，绝对是时尚与复古的完美结合。

1 梳理出刘海儿区的头发，用大号卷发棒烫卷。

2 用尖尾梳对头顶的头发进行侧梳及打毛。

3 用尖尾梳处理大偏分刘海儿，逆着头发的生长方向慢慢将右侧的刘海儿推高。

4 用定位夹将推高的头发暂时固定。

5 推出第二个波纹。

6 用定位夹固定第二个波纹并推出第三个波纹。

7 用定位夹固定第三个波纹，喷定型喷雾定型。

8 将后面的头发梳理整齐，扎成低马尾并用皮筋固定。

9 将马尾拧转并按顺时针方向绕成一个发髻。

10 将右侧刘海儿的发尾拧转后绕到发髻上并固定好。

11 将左侧的刘海儿同样拧转后环绕在发髻上并固定好。

12 拆掉用以固定头发的定位夹，整理好碎发即可。

Side

俏皮可爱的刘海儿和马尾辫让人看起来更加年轻、有活力。

Back

编发为发型增添了造型感，也让看似简单的马尾变得更加别致。

啦啦队主题的空气感发型

微微卷曲的刘海儿让发型更加可爱，其余的头发全部集中成束，高高扎起，再以少量发辫作为亮点，充满活力，也更具动感，适合学院风主题摄影。

1 用直板夹将发根部位的头发夹直。

2 将左侧耳朵上方的头发分成上下两部分，梳理下边的头发。

3 将梳理出来的头发向右编成三股辫，大约到右耳的位置时扎好发尾。

4 将左耳上方上边的头发梳理整齐。

5 同样将这股头发编成三股辫，长度和第一条发辫的长度接近时将其扎好。

6 从头顶处梳理出一股头发，发量和前两条发辫相近。

7 将这股头发编成三股辫，编至适当的长度后扎好发尾。

8 将全部披散的头发和3条发辫一同扎成一条高马尾。

9 将尖尾梳的尾部插入发根，轻轻地提拉，使发根处更蓬松。

10 用卷发棒将马尾的头发烫卷。

11 除了发辫之外，将马尾的头发都烫卷。

12 喷定型喷雾定型。

Side
将精致的纯银头饰别在头发一侧，立刻点亮了整个发型。

Back
利用假发营造长发飘飘的效果，更加省心省力。

塞外风情主题的蓬松感发型

为了提升头发造型的效果，要做盘发或者造型感比较强的发型，借助假发是一个非常好的选择。但注意要选择仿真度高的假发，通过特殊的造型手法打造出具有民族风的蓬松半盘发。

1 将头发分区固定好。

2 将中间部分的头发梳成马尾，并用皮筋固定。

3 将马尾编成三股辫，按顺时针方向绕成一个小发髻。

4 接着选择一个大小合适的假发髻包住小发髻。

5 将右耳上方的头发梳理整齐。

6 将梳理好的头发拧转并缠绕在假发髻上，遮住假发髻的边缘。

7 将左耳上方的头发梳理整齐。

8 将梳理好的头发拧转并缠绕到发髻边缘，要注意将发尾藏好。

9 将长假发梳理整齐后戴在假发髻上，用发卡固定。

10 将刘海儿分成若干份，分别用尖尾梳打毛，使其蓬松。

11 将打毛后的刘海儿表面梳理整齐。

12 喷定型喷雾定型。

Side

绑发配合发饰能够让发型的线条感更强。

Back

清新优雅的蝴蝶结发饰使发型更具甜美感。

清新婚纱主题的甜美发型

绑发能够让婚纱主题造型更加利落，能更好地将光洁的脖子展现出来。微微卷曲、凌乱的碎发能展现浪漫气质。蝴蝶结等具有甜美风格的发饰作为点缀，令婚纱主题摄影更具清新感。

1 选择中号卷发棒，从右侧开始将头发从发尾至头发的2/3处烫卷。

2 依次将头发分片烫卷，直至将全部头发卷烫完。

3 从右耳上方取三股头发，编三股加二辫，编至发尾时用皮筋固定。

4 左侧要先整理出刘海儿部位的头发，再从左耳上方开始编三股加二辫。

5 同样将辫子编至发尾，用皮筋固定好。

6 用尖尾梳对头顶的头发进行打毛处理。

7 除刘海儿外，将披散的头发和编好的辫子一同用皮筋扎成低马尾。

8 用一个皮筋在低马尾的中间部位扎好。

9 用手轻轻地拉扯两个皮筋中间的头发，使其更蓬松。

10 将左侧的刘海儿进行拧转，在低马尾的结点处固定。

11 如果头发较长，可以在发尾再扎一个皮筋，并喷定型喷雾定型。

12 在扎着皮筋的位置戴上优雅的蝴蝶结发饰。

Side

大偏分的优雅与性感具
有让人无法拒绝的魔力。

Back

盘发能将颈部线条展露
出来，使人显得更加优雅、
成熟。

精致礼服主题的成熟感发型

高高的大偏分刘海儿微微外翘的发尾让成熟的韵味得以提升，其与精致的盘发
结合，适合精致礼服主题摄影。针对一些年纪稍长的人，这款发型同样适用。

1 用玉米须夹板将头顶部分头发的发根夹卷，使之蓬松。

2 用卷发棒夹取发尾，由外向内翻卷 2~3 圈，依次烫卷所有头发。

3 用尖尾梳将刘海儿进行大偏分，然后将刘海儿挑分出来。

4 用尖尾梳打毛头顶及两侧的头发，使头发充满空气感。

5 从左侧开始扭转编发，顺势抽取旁边的头发一起编下去。

6 抽取右侧的头发，和左侧发辫的发尾一起拧转成一个发髻，用发卡固定好。

7 抽取剩下的头发，将其缠绕到发髻上，并用手指将发髻拉松一些。

8 将剩下所有的头发拧转后都缠绕到发髻上，注意将发尾藏好。

9 用尖尾梳将刘海儿打毛，使刘海儿的造型感更强。

10 用卷发棒夹住刘海儿的发尾，由外向内翻卷 3~4 圈。

11 用发卡将刘海儿在右耳后侧固定一次，将余下的发尾盘到发髻上。

12 喷定型喷雾定型。

Chapter 7

完美新娘
从发型开始

　　新娘发型最依赖发型师的设计，新娘对发型的要求往往更趋向于复杂和精致。本章针对各种风格的新娘发型提供全面的编发、盘发及配饰搭配方案，由简单到复杂，配合多种主题风格，以满足新娘的需求。发型师能轻松从中学到实用而流行的新娘发型。

打造新娘发型要从细节着手

打造新娘发型是每一位专业发型师的基本技能，新娘发型对发型师的依赖程度也是最大的。鉴于每位新娘的情况不同，发型师需要根据新娘的特点有针对性地选择发型。

根据新娘的特点设计发型

❶ 脸形

以方脸形为例，这种脸形的梳妆要点是以圆破方、以柔克刚，使不足得到弥补。可将头发编成发辫盘在脑后，圆润的线条会减弱脸部方正线条的突兀感。而对于圆脸形，则应该增加头顶的高度，使脸形稍稍拉长，给人协调自然的美感。在梳理头发时要避免面颊两侧的头发隆起，否则会使颧骨部位显得更宽。同样，对于长脸形、三角脸形、倒三角脸形等脸形的新娘，也需要发型师有针对性地进行设计。

❷ 身材

高瘦型的新娘容易给人以高挑、清秀的感觉，可以适当添加发饰或在两侧进行卷烫，这对于清瘦的身材有一定的协调作用，还能把新娘打造得更加活泼、有生气。矮胖型的新娘则比较适合精致、花哨的发髻发型，整体的发式要向上伸展，以增加一定的视觉身高；不宜采用长波浪发、长直发等发型，较适合有层次的短发。

❸ 婚纱

鱼尾婚纱或者前短后长的包身型婚纱可以选择散发，盘发显得过于死板；可以搭配活泼或者典雅的饰品，以呈现出不同的风格。肩膀微胖又选择了抹胸婚纱的新娘一定要选择简洁风格的盘发和适合搭配头纱的造型；一般以简单的皇冠作装饰，配以华丽的头纱，使头发遮挡住肩部，既显瘦又显高贵。

参考时下潮流发型

除了从专业的发型理论出发为新娘设计发型之外，还可以参考时下流行的发型，让每一位新娘的发型都没有复制感。要根据新娘的气质打造适合她的发型，使每一次的设计都更新颖、时尚，这对于提升发型师的专业技术也有很大的帮助。

❶ 优雅复古型

近几年复古风盛行，其中手推波纹刘海儿造型成为复古的经典代表。手推波纹刘海儿具有流动柔美的线条，光泽度和立体感都很好，让新娘看起来优雅迷人。

❷ 性感魅力型

卷发最能凸显女性的魅力。柔软的卷发搭配洁白的 V 字领婚纱，展露出光洁细腻的双肩，将浪漫和性感发挥到极致，是针对海边婚礼等户外婚礼进行发型设计的最佳选择。

❸ 大气高贵型

外翻大卷发型能增强新娘的气场，自然翻卷、有光泽的发丝保持蓬松，展现出造型的柔美、优雅。不需要过多闪亮、复杂的饰品装饰，也不需要繁复的发型设计，同样能展示出新娘的明媚靓丽。

❹ 活泼可爱型

这种发型一般较适合短发新娘、蘑菇头新娘，整体以发丝顺整齐的内扣秀发设计，结合局部发丝打造出不规则的卷翘感，弥补造型的不足，避免显得幼稚。另外，蓬松的空气刘海儿相对于厚重的齐刘海儿可以避免呆板、严肃的感觉，并可以表现出可爱甜美的风格。

根据婚礼风格设计发型

海岸婚礼

海岸婚礼中，松散自然的披发最合适，随风飘散的发丝显得自然而浪漫。如果新娘还想让发型多些花样，可以选择编一些辫子，并在头上插一些新鲜的花朵。另外，还可以在波浪式的头发上加点小海星、小贝壳或者海胆状的发卡等与婚礼主题相契合的发饰。

发饰挑选建议：小海星、小贝壳、鲜花、珍珠等。

草坪婚礼

跟传统的室内婚礼比起来，户外婚礼更多了一分随性与浪漫。有阳光和绿植的陪衬，婚礼的气氛也显得更加轻松自然。发型应以贴合婚礼浪漫、自由的主题为主，不宜设计成精致的盘发，应以些许垂散的发丝来增强随意性；同时选择与捧花类似的花材作为头发饰品，这样能提升发型的丰富感，也更能凸显婚礼的主题。

发饰挑选建议：鲜花、绿植、花环、藤编皇冠、植物形状的发卡等。

教堂婚礼

教堂婚礼的氛围往往比较庄重而正式，具有欧美风情的复古发型较适合作为教堂婚礼的新娘发型。饱满光洁的发髻可以体现出精致感，与新娘的水晶项链、戒指、耳环能够完美搭配，使新娘造型显得既得体又充满韵味。

发饰挑选建议：长头纱、水晶皇冠、眉心链、网格帽等。

中式婚礼

中式婚礼与西方教堂婚礼不同，风格以隆重、喜庆为主。以红色为主的中式礼服代替洁白婚纱，凸显典雅又高贵的新娘形象。在发型设计上，手推波纹造型等复古新娘发型在中式婚礼中非常流行，不论是搭配凤冠或是各种发簪、步摇等发饰，均能将东方女性的柔美、温婉的形象塑造出来。

发饰挑选建议：发簪、发钗、步摇、凤冠等。

TIPS

要想拥有完美的发型，发型师在设计发型时要非常用心，对于饰品的选择也要注意。合适的头饰能起到锦上添花的作用，根据婚礼风格等实际情况选择搭配花环、帽子、头冠、发簪、头纱等都是不错的选择。

Side
空气感卷发符合森系定义，即使略显凌乱，也自有其不拘一格的美感。

Back
采用的橘色和红色花材从颜色、气质上配合妆容，使整体造型更和谐。

中长发慵懒随性风格新娘发型

中长发一不小心就会让人觉得"土气"。针对这种头发长度的新娘，头发可以全部采用外翻烫卷的手法进行处理。这样既能让头发显得蓬松丰盈，又可以增添俏皮的感觉，适合与蓬蓬裙等婚纱礼服相搭配。

1 把头发全部梳顺，选取一片头发，用卷发棒烫卷。

2 将剩下的头发分片烫卷。

3 将上半部分的头发暂时固定，将下半部分的头发再次烫卷。

4 将上半部分的头发放下，用打毛梳分层打毛。

5 将打毛的头发表面梳理整齐，用发卡固定在中间位置。

6 从左耳上方挑取一片头发并向后拉，用发卡将其固定在脑后下方中间的位置。

7 从右耳上方选取头发，稍加旋转并拉至脑后下方中间位置并固定。

8 对于头顶比较扁平的地方，用手向上拉扯头发，使其更蓬松。

9 用手将脑后下方固定好的头发向两边轻轻拉扯松散。

10 散落在两鬓处的几缕发丝用卷发棒烫卷。

11 将刘海儿向下梳顺，用卷发棒内扣烫卷。

12 用手轻轻拨散发尾，喷发胶定型。

Side

唯美法式发辫蓬松又不
凌乱，既体现出了浪漫情怀，
又不会显得过于夸张。

Back

飘逸的头纱搭配新娘的
编发，再以绒毛草发饰作为
点缀，可以让新娘看上去更
飘逸、更美丽。

头纱轻盈梦幻感新娘发型

　　头顶和双鬓的发丝力求打造出凌乱感，与薄薄的头纱一起营造出轻盈的感觉。
盘发不一定要光洁、整齐。此款发髻的设计毫无规律可言，其体现出的凌乱感与整
个发型的主题相协调，也容易体现出新娘飘逸的气质。

1 将全部头发置于背后，梳理通顺后用卷发棒分片烫卷。

2 从头顶挑取一大片头发，用尖尾梳分层打毛，使其蓬松。

3 将打毛的头发从两边向后拉，集中在脑后中间位置，用发卡固定好。

4 选取右耳耳后的一片头发，平均分为3份后编三股加二辫。

5 将辫子的发尾抓牢，用手将辫子向两边拉扯松散。

6 选取左耳耳后的一片头发，以相同的方法编成三股加二辫。

7 将辫子的发尾抓牢，用手将辫子向两边拉扯松散。

8 把左右两边编好的辫子向后拉，用发卡固定在脑后中间位置。

9 将剩余散落的头发分为两份，分别向上卷，卷成两个并列的卷筒。

10 从两鬓处扯落几缕长度约等的短发丝，再用卷发棒烫卷。

11 用手将卷筒拉扯松散，使其呈现出比较蓬松的状态。

12 喷定型喷雾定型。

231

Side

将少量素雅的花材装饰于发髻侧边，简洁利落的发型与柔美的妆容相得益彰。

Back

每一缕发丝都力求自然生动，凌乱中保持有形是打造此款发型的关键。

高发髻蓬松感新娘发型

高高盘起的发髻需要保持发根的蓬松感，刘海儿同样要体现出空气感和弹力，双鬓垂落着些许卷曲的发丝，可增加柔美的感觉，与轻薄、飘逸类型的婚纱礼服搭配，让新娘显得温柔无比。

1 将所有的头发置
于背后并梳顺。每次抓
取一片头发，用卷发棒
烫卷。

2 把头发集中成一
束，在脑后扎成一条高
马尾。

3 保持马尾的高度
不变，用手将发根处的头
发拉松，使其显得蓬松。

4 将马尾一分为
二，把其中一份按顺时
针方向旋转，拧成股。

5 将拧成股的头发
盘绕于马尾根部。把另
外一份头发以相同的手
法拧成股，再缠绕到第
一股头发外侧并固定，
形成一个发髻。

6 把两鬓散落的发
丝全部烫卷，烫卷的弧
度尽量大小一致。

7 用卷发棒将刘海
儿内扣烫卷。

8 选取两鬓的几缕
发丝，用打毛梳打毛。

9 整体观察后，在
头顶比较扁塌的位置用
手向上轻拉头发，使其
蓬松。

10 在发髻的右上方
插入一簇蓝绣球，将花
茎隐藏在头发里。

11 插入一枝玫瑰花。

12 再插入一枝玫
瑰花。

Side
用一束细小的花朵组成
的花束装饰在头发侧边，以
展现淑女气质。

Back
编发细节同样不容忽
视，越细微的地方越能体现
出造型的用心和品质。

侧披发柔美感新娘发型

此款侧披发发型既不会显得凌乱，又不会像盘发那样整齐，能体现出柔美的风格。
精致的发型搭配花材，从发型细节处就能体现设计师的用心。

1 每次抓取相同发量的头发，用卷发棒将全部头发烫卷。

2 在头部右侧靠近刘海儿的位置抓取一片头发，将其分为3份。

3 沿着头皮斜向下将分成3份的头发编成三股辫。

4 编至右耳上方开始分为2股，平行向左编发。

5 平行编发时，在两股头发交叉的中间垂直加入另外一片头发。

6 编至头部中间偏左的位置时，用发卡将其固定好。

7 保留耳朵前的头发，把右耳后剩余的头发向上翻卷，集中成一束。

8 用黑色皮筋将集中成束的头发在发根处固定好，将其置于左肩上方。

9 留几缕发丝，把左耳附近的头发分为两份，拧转成两股辫。

10 用发卡把两股辫固定在左耳后方。

11 将两鬓散落的发丝用卷发棒烫卷，卷度大小尽量一致。

12 将刘海儿梳顺，用卷发棒将刘海儿烫卷。

235

Side

保留几缕随意散落的发丝，让盘发不再规整无趣，显得更自然。

Back

在有形的盘发上用淡雅风格的花瓣进行点缀，既随意又精致。

双层盘发典雅感新娘发型

头发顶区保持蓬松感容易产生"减龄"效果，双层卷筒发髻展现出了典雅气质。为了不让盘发显得毫无趣味，可以拉扯出几缕发丝，使其自然散落，形成飘逸感。

1 将头发置于背后，每次抓取一片头发，用卷发棒烫卷。

2 将右侧鬓角的头发稍加整理，扭转集中至右耳上方并固定。

3 将额头及头顶中间的头发向上提拉，稍微拧转后固定在脑后。

4 选取一片靠左侧的头发，向上稍加拧转后固定。

5 用手将头顶的发包向上轻拉，使之保持自然蓬松的状态。

6 从左耳上方选取一片头发，向上翻卷，使之呈卷筒状。

7 从背后散落的头发中挑取上层的头发，向上翻卷，形成第二个卷筒，位置与第一个卷筒平行。

8 继续向右选取发片并将其做成卷筒，直至形成一个横向的发髻。

9 将剩余散落的头发分成两份，将左边的头发向上翻卷至发根并固定好。

10 右边的头发采用与左边的头发相同的手法处理，形成一个横向发髻。

11 在发髻最低处扯落几缕发丝，用卷发棒稍加烫卷。

12 用卷发棒将两鬓散落的几缕发丝分别烫卷至发根。

Side

简约的侧边发配合具有
朝气的橘红色妆容，展现具
有个性的浪漫魅力。

Back

沿着辫子的弧形插入几
枝精致的花材，符合森系造
型崇尚自然的风格。

侧编发雅致感新娘发型

从一侧延伸下来的发辫与盘发自然地结合在一起，形成一个低发髻，让整个发
型有了更多的设计元素；用新鲜花材沿着发辫的边缘进行装饰，更显和谐自然。这
款侧编发能很好地体现出雅致的新娘气质。

1 从头部一侧开始，每次抓取相同发量的头发，用卷发棒将所有的头发烫卷。

2 在头顶左侧抓取一片头发，用打毛梳打毛。

3 以打毛的这片头发为基础编三股加二辫。

4 从右耳上方开始向后编三股加二辫。

5 将右侧的辫子编至脑后中间位置，用发卡将其固定好。

6 将左侧的辫子拉至脑后中间位置，用发卡固定。

7 对于下方散落的头发，用手将左侧发根位置的头发向上提拉拧转并固定。

8 用相同的手法处理右侧发根位置的头发。

9 将发尾向内卷后固定。

10 整体观察后，将发型比较扁塌的地方用手向外拉扯，使其蓬松。

11 用卷发棒将两鬓散落的几缕发丝烫卷至发根。

12 用手将细碎的发丝向头顶方向拨，喷定型喷雾定型。

Side

欧式田园编发的纹理繁而不乱，头纱侧面强调出新娘的侧脸轮廓，光洁圆润。

Back

在头纱的顶端插上植物，让新娘看起来清新而优雅。新娘每一个转头的动作都能带动头纱，产生灵动的波纹效果。

编发发髻清新感新娘发型

　　针对发量较多的新娘，可以将头发以编发的形式进行收拢。从两侧开始编发能让头形显得圆润饱满。同时，通过造型手法将发辫组合成发髻，纹理更丰富。戴上头纱，发髻在头纱中若隐若现。

1 从一侧开始，将所有头发烫成规则的外翻卷发。

2 在头顶最上层分出一股头发，将其梳理通顺并分层打毛。

3 用拧转的手法将打毛的头发处理成发包，并用发卡固定在脑后。

4 从头顶右侧分出少量头发，开始编三股加一辫。

5 将编好的发辫轻轻用手拉松，营造出蓬松感。

6 将发辫向左拉将发尾固定好。

7 用与右侧同样的手法将左侧的头发编好，注意不必编得过紧。

8 固定辫子前，可将其拉松，使其显得随意而自然。

9 将打理好的辫子向右拉并用发卡固定好。

10 将剩余的头发编成两股辫。

11 将拧转好的头发盘成发髻并用发卡固定。

12 用卷发棒将两鬓散落的几缕发丝分别烫卷至发根。

241

Side

色彩鲜艳的植物果实形
成的颜色对比，有助于提升
新娘的整体气色。

Back

无须整头装饰植物，局
部点缀就可以让整体更生动。

蓬松高盘发高贵新娘发型

　　看似只将头发高高束起的发型，其实并不容易打造。发髻是由分片的头发以旋转的方式相互缠绕形成的，并需保持蓬松，适合面容姣好的新娘。此款发型配合精美的婚纱礼服能展现出新娘高贵的气质。

1 将所有的头发置于背后梳顺。在头顶处选取适量的头发，打毛。

2 将选取的头发编成三股辫。注意不要编得过紧。

3 用手将发辫根部的头发拉松，营造出蓬松感。

4 将三股辫盘成小发髻，并用发卡固定。

5 用尖尾梳在头部右侧分出一缕头发，梳理整齐。

6 将分出的头发向左拉，固定至脑后。

7 同样用尖尾梳在头部左侧分出与右侧发量均等的头发，梳理整齐。

8 将左侧的头发向右拉并固定好，注意不要拉太紧。

9 将余下的头发分层打毛。

10 将余下的头发向上提起，拧转后用发卡固定在脑后。

11 将发尾盘成发髻并固定。用手将发髻拉松，营造出蓬松感。

12 用发卡将发髻在发根处固定好，并将发根处的头发拉扯松散，使其显得蓬松。

Side
半扎的头发搭配花材，
既美观又能保证头发不显
凌乱。

Back
此款发型没有繁复的花
样，但其简洁的特点有"减
龄"的效果。

半盘发纯真感新娘发型

中长发容易全部聚拢在脸颊两侧，给人以不利落的感觉。从双鬓选取头发进行编发，对称的两条发辫既可以收拢发丝，又可以令发型更具美感。发辫配合外翻卷的发丝可让年轻的新娘更具纯真的气质。

1 从头部一侧开始，用卷发棒将全部头发烫卷。

2 用打毛梳将头顶的头发打毛。

3 从头顶右侧选取一片头发，编三股加一辫。

4 用手拉扯发辫，使之松散，呈现出比较自然的感觉。

5 头顶左侧也编一条三股加一辫。

6 在保持辫子形状的前提下，把编好的辫子用手拉松。

7 把左右两条编好的辫子斜向下拉，拉至脑后中间位置集中并固定好。

8 分别在左右两边从辫子下方拉取两片头发，拉至脑后交叉拧转。

9 将交叉拧转的头发整理好，用发卡固定。

10 把刘海儿梳顺，用卷发棒内扣烫卷。

11 在两鬓选取几片头发，分别用卷发棒烫卷。

12 为了不让发型看起来很毛糙，可以在头发上涂抹一些发蜡。

Side

刻意制造出发丝凌乱
感，丝丝卷发带来浪漫和温
柔的气息。

Back

大量发丝自然垂落下
来，修饰光洁的脖子，使其
若隐若现，避免单调。

散落发丝灵动感新娘发型

散落的发丝搭配外翻卷造型让灵动性充分展现，与发髻上同样丝丝卷曲的纹理
效果形成呼应，是此款发型的最大亮点。同时，这款发型也能起到修饰脖子的作用，
与抹胸型礼服等露出脖子的婚纱礼服搭配较为合适。

1 将头发梳顺后置于背后，每次选取约等发量的头发，用卷发棒进行卷烫。

2 将头发分为上中下三个区，将中间部分的头发暂时固定。从头部左上方拉取一片头发，编成两股辫，绕过头顶至头部右侧。

3 以这股头发的发尾为基础，从右耳上方开始进行两股添加拧绳。

4 将扭转成股的头发沿中间部分头发的边缘缠绕并固定发尾。

5 在左侧耳朵上方拉取一片头发，拧转成股。

6 同样沿中间部分头发的边缘缠绕至右侧并固定好。

7 把中间部分的头发集中成一束，把发尾向内收起。

8 用发卡把较散的头发集中固定好。

9 将头顶的头发用手稍微向上拉扯，使头发显得比较蓬松。

10 使后发际线处的几缕发丝成排散落于脖子上，用卷发棒烫卷。

11 把刘海儿梳顺，每次选取一小片头发，用卷发棒外翻烫卷。

12 把烫好的刘海儿用手撕开，显得发量比较多且蓬松。

Side

将头发在左侧放好，露出新娘优美的背部和脖子右侧，衬托出新娘娇俏可爱的气质。

Back

白色珍珠发饰轻盈地点缀在脑后，和珍珠项链呼应。

清爽大方的直侧发型

清爽大方的直侧发型用最简单的方法衬托出了新娘的可爱气质。用于点缀的发饰清新、高雅，使新娘在举手投足间展现出大方、可爱的气质。

1 将刘海儿按1:9的发量比例分成两份，梳理整齐。如果新娘的碎发较多，则需用发蜡抚平毛糙的头发。

2 将右侧的刘海儿以螺旋状拧转3~4圈，注意用力要轻。

3 从右耳上方取一股头发，拧转1~2圈，注意碎发要收整齐。

4 将两股头发合成一股拧转。注意将第二股收在第一股后面，拧转力度稍大。

5 抓取后面的头发一起拧转，纹理要清晰，拧转力度较重，避免头发散落。

6 将头发拧转至左侧耳后。将预留的左边鬓发梳整齐，备用。

7 将左边的鬓发搭在拧转好的大股头发上。注意用一只手抓紧大股头发，不可松手。

8 用左边鬓发代替发绳在大股头发上缠绕2~3圈，力度要重。

9 将发尾绕至发束上方藏好，用发卡固定。

10 多用几个发卡将发尾夹稳、固定好。注意不要弄乱上方整齐的头发。

11 用尖尾梳轻挑脑后的头发，使之微微拱起，营造蓬松自然的效果。

12 用大号卷发棒烫卷侧绕在肩部前方的大股头发的发尾，烫出优美的弧度。

Side

色彩艳丽的浆果发饰可爱、精致,让整个人看起来更加甜美。

Back

略微凌乱的发丝令编发变得唯美浪漫,可打造气质超然的美丽森女风造型。

恬静雅致的环编发发型

这是一款简单的编发造型。将编好的发辫缠绕头部一圈,形成饱满的头形,给人一种恬静、优雅的感觉;点缀上小巧、精致的发饰,让新娘看起来更加优雅。

1 将刘海儿中分并梳顺。分界线不必太直，稍弯曲的分界线更显自然。

2 将上半部分头发中分，将左侧的头发梳理整齐。

3 将左侧的头发编成三股辫，编发的起始位置约在耳后。

4 编三股辫直至发尾，用小皮筋扎好。注意要编紧头发，使之不易散开。

5 提起辫子，往头顶方向绕。注意编发的发根会因发辫方向的变化而拱起来，要处理好。

6 将辫子绕至右侧。若碎发较多，则需要用发蜡抚平碎发。

7 将辫子的发尾绕至右侧耳后，用发卡夹好。

8 将脑后至右耳后的右侧头发用尖尾梳梳顺，让头发看起来有光泽感。

9 将右侧的头发编成三股辫，编至发尾并用皮筋扎好。

10 将编好的辫子从脑后绕过左侧辫子起始位置，顺着左侧辫子将其尾部绕至额前，用发卡固定好。

11 将余下的头发用大号卷发棒从发尾向内烫两圈，打造头发的自然曲线。

12 在左侧佩戴发饰，巧妙地遮住发尾。

Side

长卷发和编发的结合，
简单又自然，设计感极强。

Back

背面精致的编发使人眼
前一亮，充满浪漫风情。

温婉唯美的对称编发发型

编发和长卷发的结合简洁而优雅，充满了飘逸感，散发着唯美、精致的气息，
给人一种温婉小女人的感觉，为婚礼带来雅致而有品位的新鲜观感。

1 从左边取一束头发，用大号卷发棒烫3~4圈。将所有头发烫卷。

2 用手指把头发顺开。刘海儿用尖尾梳中分，将头发表面梳光滑。

3 将头顶的头发分为两部分。

4 取头顶左侧3小束头发，编三股加一辫，每次都从发际线部位取发。

5 编发时，辫子往后延伸。注意取发时发束的发量应均匀，用力稍大，以保证辫子具有层次感。

6 从发际线依次取发至鬓角，然后将头发以三股辫编发手法编至发尾，并用皮筋固定、扎好。

7 右边的头发采用与左边头发相同的手法处理。如果新娘的碎发过多，则需要用发蜡整理干净。

8 将编好的发辫整理干净。

9 将两条辫子在脑后用发卡固定在一起。将余下的头发分为3份并梳顺。

10 将两侧的头发打一个结，注意头发表面要光滑、整齐。

11 整理发结，使之拱起，呈现出一个半球形发包，用发卡固定好。

12 用白色串珠小花发饰穿绳穿过耳后的头发，并将固定结藏在垂落的头发底层。

Side

及肩短发搭配抹胸礼服，露出新娘优美的背部。

Back

一目了然的短发，看似简单的造型，却展现出了花样美女的浪漫唯美。

甜美纯洁的及肩短发发型

简单随性的及肩短发能有效掩盖分叉的发尾，即使头发疏于保养，也不会出现大问题。头顶的直发经过蓬松处理，结合白色花朵发饰，营造出甜美纯洁的气质。

1 将前区的头发四六分。用中号卷发棒将左侧的头发从发根开始烫卷。

2 选择大号卷发棒，分区卷烫头发，发卷位置约与下巴齐平。

3 将烫好的头发用手指梳理开，保证头发的卷曲和蓬松度，并将其等分成3份备用。

4 将左边的头发再分为3份。

5 将左边的头发编成三股辫，辫子的起始位置约在耳朵下方，编至发尾后用小皮筋固定。

6 从耳后水平位置开始，抽散辫子，越上方的头发越散乱，但三股辫的基本形状要保持不变。

7 从发尾开始向里卷，卷至与肩齐平处固定好。注意保持头发的蓬松度。

8 第二份头发采用同样的方法处理。因发量较多，应使用多个发卡进行固定。

9 第三份头发也采用相同的手法收到脑后，轻轻用手指打理，将长发变成娇俏的内卷梨花头。

10 选用白色花朵，依次固定在脑后偏左的位置。注意花朵排列要密一些。

11 将白色花朵发饰在头顶绕出一个圈并固定在头发上。

12 轻轻整理发饰的花瓣，注意圈内头发的表面应保持整洁。

Side

公主发型蓬松、有层次，
显得优雅而有范儿。

Back

绿色和白色的发饰搭
配，营造出清新的气质，使
新娘变身纯洁精灵。

活泼灵动的半披发发型

　　将刘海儿全部梳起，露出额头，将两鬓的头发以拧转的手法向后收拢，展露出
精致的五官，使新娘显得温婉、浪漫；而且造型还有很好的"减龄"效果，让新娘
看起来精致又活泼。

1 将刘海儿和鬓角的头发分开，并将刘海儿中分。用大号卷发棒将剩下的头发卷烫 3~4 圈。

2 将鬓发向外烫卷，发卷的高度大约与眼部齐平。

3 将左侧刘海儿经头顶向后拉。

4 将刘海儿在耳朵上方夹稳、固定好。如果额前碎发太多，可用发蜡辅助梳理碎发。右侧刘海儿采用相同的手法处理。

5 将后区头发梳好，分出外卷的鬓发。

6 向后拧转鬓发，注意用力较重，以避免头发散开。

7 将拧转后的头发固定在脑后中心点，高度约和耳朵的位置齐平。

8 从耳后取一小缕发束，向右拧转。

9 将这一缕发束在中心点固定后，轻轻抽松其表面的发丝，使其自然松散。

10 右边的鬓发采用与左侧相同的手法拧转至脑后并固定。

11 将细小的绿梗白花发饰插在右侧发丝间。

12 左侧同样插上小花发饰，展现出新娘温婉娇羞的清纯气质。

Side
富有层次感的编发和卷发的结合，不显凌乱也不累赘。

Back
蓬松的编发并没有厚重感，轻盈的小花点缀，使新娘更具可爱气质。

优雅温柔的环形编发发型

    星星点点的串珠小白花散落在发间，浪漫的气息扑面而来，摆脱了沉重单调的框架。这款发型体现出的甜美大方的气质同样惹人喜爱。

1 用直径为 28 mm 的卷发棒将头发烫卷。

2 卷烫高度约在耳朵下方，要统一卷烫方向，使头发的纹理感一致。

3 用手指将头发梳理开，从头顶取 3 份发量差不多的头发。

4 用编三股辫的手法处理取出的 3 份头发，使头顶拱起一个小发包。注意编发时手抓头发的力度不宜太大。

5 用手指把所编头发的表面抽得松一些，使之显得更活泼。

6 编出一小节后用 2~3 个发卡固定好，让发尾自然地散开，和其余头发融为一体。

7 将左右两侧的头发分别分为 3 份，分别从耳后编三股加一辫，编一小节后即变为编三股辫。

8 发辫编好后用小皮筋绑好，左右两边上半部分同时抽松，使发辫看上去丰满、有层次。

9 从左边开始，提起辫子，将其绕过脑后往前至右边头顶。

10 在头顶用发卡将发尾固定好。发卡要尽量藏在头发中，不能露出来。

11 右边的辫子也用同样的手法处理好。余下的头发可随意散落。

12 用串珠小白花发饰点缀发型，让发型显得清新、纯美。

Side

恰到好处的外卷刘海儿
巧妙地展露出新娘无可挑剔
的侧颜。

Back

凌乱却不失精致，错落
有致的发卷让整个发型显得
更丰盈。

清雅浪漫的扎发发型

　　松散灵动的发丝巧妙地与卷发结合，搭配莹润的水钻珍珠发饰，使新娘多了一分恬静灵动，在自信的笑容中呈现出清雅的气质。

 *1* 将刘海儿中分。

 *2* 将头顶至鬓角的头发用中号卷发棒烫至外翻卷，发卷高度大约与眼睛齐平。

 *3* 喷发胶固定发型，为保持发型的轻盈、空气感，只需喷少量发胶即可。

 *4* 用中号卷发棒将所有头发自发梢往上向外卷，左右部分的烫卷方向相反，发卷的高度大约与脸颊齐平。

 *5* 用手指将头发轻轻梳开，并喷上发胶维持卷度。

 *6* 用手指将前半部分的头发向后整理，使头发呈现出漂亮的弧度。

 *7* 用尖尾梳从右侧耳后底层挑出一小缕头发，编三股辫，前松后紧，并用小皮筋扎好。

 *8* 用小辫子代替皮筋将全部头发扎成低马尾，注意不需要太用力，束好即可。

 *9* 将小辫子在头发上绕2~3圈。将发尾藏在发束里，用发卡固定。

 *10* 整理翘起的发丝，让发尾部分呈现出收敛的感觉，这样才能让好的发质得以呈现。

 *11* 轻轻抖开发卷，再一次用发胶定型，让卷发处在自然的蓬松状态。

12 选择一款水钻珍珠发饰，在头顶正中央或稍微歪斜的位置戴好。

Side
白色花朵发饰巧妙地遮盖住额头，适合额头不完美的新娘。

Back
编发纹理清晰，线条流畅，经典的对称式编发搭配发饰，展现了新娘浪漫的气质。

唯美脱俗的层次感编发发型

此款发型以细腻的手法打造出精致的编发效果，发尾在保持顺滑的情况下扎成一束，可避免凌乱，并突出头发的光泽感。发丝富有层次感地交织在一起，令发型显得更精致。

1 将头发散开并梳理整齐，用大号卷发棒烫卷发尾。

2 取头顶一束发片，将发丝表面梳理整齐，碎发较多的可用发蜡抚平。

3 等分出两股头发，左右两手分别握住一股。

4 从左边一股头发中取三分之一，压住另一部分头发，拉至右侧。

5 从右边一股头发中间取三分之一，拉至左侧，置于最上层。

6 将分出的最右侧的一股头发平行搭在上一股头发的下方。

7 分别从左右两侧取发，以相同的手法往下编辫。

8 取发、编发进行到后发际线位置即可，用发卡固定。

9 此种编发虽较为复杂，但造型效果细腻精致。注意每次所取发量应均等，用力应均匀。

10 从余下的头发中取一缕头发代替皮筋将头发扎成一条低马尾，将发尾藏好并固定。

11 围绕头顶佩戴白色花朵发饰，固定好两端。

12 整理发饰，使之呈现出自然的美感。

Side

卷发和蝴蝶结造型的搭配让新娘更显娇俏、可人。

Back

烫卷的头发纹理清晰，公主发型因蝴蝶结的加入让人眼前一亮。

轻盈烂漫的蝴蝶结发型

将新娘本身的部分头发做成一个蝴蝶结的形状，这样既可以免去发饰带来的生硬和花哨，又能让整个发型显得特别。将剩余的缕缕卷发轻轻拨松，使之自然垂落，渲染出甜蜜、浪漫的味道。

1 用由粗变细的卷发棒烫卷头发。这样的卷发棒可以烫出发梢小卷、发根大卷的效果。

2 鬓发用卷发棒烫卷，大约烫至与眉毛齐平。

3 用大号的气囊梳梳顺头发。

4 用尖尾梳将刘海儿中分，将无卷烫部分梳顺，下方卷烫的部分用手指整理好即可。

5 用卷发棒烫卷刘海儿。

6 将头发分为3个区域，分别取两侧耳朵上方的头发梳顺待用。

7 将两侧头发拉向脑后中心点，表面的碎发抚平即可，发片表面不必处理得太光滑。

8 用皮筋将两侧的头发扎成一束，将发尾的上部弯折并再次扎好。将弯折部分平均分为左右两份，用拇指撑开内侧。

9 用拇指撑住内侧，其他手指轻轻整理头发，使之成为一个蝴蝶结造型。

10 取一缕头发，从下向上绕过蝴蝶结中心，遮盖住分开的发结。

11 将发尾藏在蝴蝶结背面，使之不外露，用发卡固定好。

12 用两指轻轻撑开蝴蝶结并整理固定好。可以喷少量定型产品，以维持蝴蝶结造型。

Side

富有层次感的头发别具
一格，随意但不凌乱。

Back

对称的松散辫子让新娘
更清新可人。

搭配珍珠纱蝴蝶结的编发发型

对称的长垂编发让新娘更显俏皮，加上珍珠纱蝴蝶结的点缀，能使浪漫的气息
很好地展现出来，不必担心辫子看起来"土气"。

1 用中号卷发棒将头发统一烫卷，注意头发的纹理要一致。

2 用手指梳开头发，使头发更具空气感，显得弹力十足。

3 从右耳后取两缕头发并将其拧成两股辫，注意力度不要太大。

4 一只手捏住发尾，另一只手将发辫抽松。

5 将发尾用发卡固定好。继续从右侧的头顶至耳后区域取两缕头发，拧成两股辫并抽松。

6 左侧头发的处理方法与右侧相同，注意不必将发辫拧太长，拧至肩部即可。

7 将脑后的头发大致平均分为两部分，将右侧的头发编成松散的三股加二辫。

8 左侧头发也用同样的手法处理，发辫大约编至后发际线处。

9 将中间的4条发辫编成鱼骨辫。

10 用手抓住发尾，将发辫抽松，使之呈现自然的蓬松感。

11 将所有辫子收在一起，在发尾处用皮筋扎好。在鱼骨辫的开始位置戴上发饰。

12 在发尾扎皮筋的地方再放一个半透明珍珠纱蝴蝶结，造型完成。

Side

动感十足的刘海儿随意
垂落，使新娘更显妩媚动人。

Back

干净高耸的发包和蕾丝
带的搭配，经典地展示了
新娘优雅的气质。

搭配蕾丝带的大发包发型

　　大发包发型会让人联想到"成熟"一词，但富有层次感、光滑的发片和蕾丝带
的搭配则让整个发型看起来年轻、时尚，动感十足。

1 将上半部分的头发分出备用。将下半部分的头发打毛，使之更饱满、蓬松。

2 将打毛的头发整理松散，对其揉搓并喷发胶定型，可以起到增加发量的作用。

3 用手将打毛的头发分为左右两份，卷成筒状发包，并用发卡固定。

4 从顶区取一大片头发，遮住筒状发包，将表面梳光滑。

5 取小片头发，从左侧覆盖住发包的边缘，并用发卡固定。

6 从右侧取除刘海儿以外的头发，用其覆盖住发包右侧边缘。

7 从左侧取剩下的头发绕到脑后。注意发片表面要光滑，并能够覆盖住发包。

8 将左侧的头发扭转一圈后用发卡固定。

9 用手指将散落的头发在左下方做成发卷。如果头发过于散乱，则可以用发蜡整理整齐。

10 用发卡固定住发卷，注意隐藏好发卡。

11 选一款宽度为3~5 cm的白色蕾丝带，将其绑在刘海儿区和发包之间的空隙处。

12 将蕾丝带绕至脑后，并在发包下扎成蝴蝶结，调整形状即可。

Side
随意松散的发辫让新娘
更显甜美、浪漫。

Back
单肩婚纱和侧垂的发辫
带来半遮半掩的效果，优美
的线条散发出迷人的气息。

搭配花形发饰的侧垂编发发型

在一侧垂落的秀发巧妙地平衡了单肩婚纱带来的侧重感，编发的加入给新娘带来了一丝活泼、俏皮的感觉，简单的发型营造出新娘可人、唯美的韵味。

1 用大号卷发棒向内卷烫头发，分区域逐一进行，使头发纹理清晰。

2 用气囊梳将头发梳理整齐；若想使头发的卷曲度不受影响，可以直接用手指将其梳开。

3 分开左侧耳朵上方的鬓发，为避免分好的头发影响造型，用发卡将头发夹好备用。

4 从头顶取一片头发，打毛后将表面梳理光滑，轻轻拧转，使其鼓起一个发包并固定好。

5 将右侧除鬓发外的头发放到右侧肩上，编成鱼骨辫。

6 鱼骨辫编至距离末端约 10 cm 处，用皮筋扎好，可不必编得太紧实。

7 用手指抽松鱼骨辫表面的发丝，使发辫看起来更蓬松。

8 将左侧鬓发用大号卷发棒烫卷，高度约与脸颊齐平。

9 用同样的手法将右侧鬓发向内烫卷，高度大约与眉毛齐平。

10 轻轻撕开右侧的鬓发，并取一小缕在耳后固定好。

11 将刘海儿最前面的一缕头发固定在右侧额角处。

12 在辫子上和刘海儿处点缀粉红色花形发饰。

Side

低髻盘发简单又优雅，配合发饰，从侧面看更具层次感。

Back

编发和拧转结合的发型线条流畅、清晰，头发有光泽。

搭配蕾丝皇冠的微卷侧刘海儿发型

　　低髻盘发纹理分明，尽显优雅妩媚，搭配一小缕轻盈的侧刘海儿，使发型多了一些灵动的感觉；将蕾丝皇冠以微侧的方式佩戴，让新娘的形象不再严肃、沉闷，更显活泼。

1 将刘海儿三七分，梳理光滑；若碎发较多，可用发蜡抚平。

2 从头顶取等量的3束头发待用。注意取发范围不宜太大，可从刘海儿后取发。

3 编三股辫，要紧贴头皮编辫，编一轮即可。

4 将头顶处的辫子继续编三股加一辫，即蜈蚣辫。

5 将蜈蚣辫编至后发际线处，用小皮筋扎好。注意辫子表面要光滑才能呈现出自然的光泽感。

6 将发尾向上盘起，在左侧绕成低发髻。

7 从左边取两缕头发，紧贴后脑勺向右拉。

8 将两缕头发拧转成一股，绕过发髻并固定。

9 将左侧剩下的头发分两束拧转。

10 将拧转的头发绕过发髻并固定。

11 右边除刘海儿外的头发以同样的手法处理。用直径为28 mm的卷发棒将刘海儿从发尾开始向内烫卷，烫至约与眼睛齐平。

12 将带水钻的白色蕾丝皇冠佩戴在头顶偏左的位置。

Side

灵动的发丝衬托出新娘
高贵的气质，发髻弧度优
美，发型饱满。

Back

低垂在一旁的发髻打破
了传统的对称式盘发习惯，
不对称的美显而易见。

搭配蔷薇花的编盘发发型

　　光洁的卷发通过仔细编发形成几束发辫，将发辫缠绕成发髻，凸显恬静气质；
精心搭配白色蔷薇花，让整个发型更富有森女独特的艺术气息。

1 将刘海儿向后梳，在头顶位置拱起一个发包并固定。从右侧开始进行三加一编发。

2 从头顶编发至右肩处。

3 自肩膀以下编三股辫。注意编发力度要稍重，将发辫编紧。

4 将左侧头发进行三加二编发。如果碎发较多，可以用发蜡抚平毛糙的发丝。

5 将左侧的头发向右编时，加入辫子的头发发量应该均匀，编发力度应保持一致。

6 将三股加二辫编至肩膀时改为编三股辫。

7 将辫子编紧至发尾，用小皮筋固定，待用。

8 将左边的辫子卷起，注意将碎发较少、辫子整齐的一侧露在外面。

9 将辫子卷成发髻，用发卡固定，收好发尾。

10 右侧的辫子从发髻上方向左绕。如果发量较多，则应该用多个发卡固定。

11 收好右侧辫子的发尾，用手轻轻整理发髻，使发髻的弧度更优美。

12 用白色蔷薇花发饰点缀在发髻上方。

Side

编发和卷发搭配，显示出优雅、流畅的线条美。

Back

经过头饰的点缀，发型显得更完整，且凸显了大方优雅的气质。

搭配水晶发饰的披发发型

想要为新娘打造出自然款的发型，不妨采用披发发型。从前额开始进行一些简单的编发设计，清新简约的设计显得干净利落，没有丝毫累赘感。将精致的水晶发饰佩戴在脑后，个性十足又不失奢华美感。

1 将刘海儿按1:9的发量比例分开并梳好，额前的碎发用发蜡抚平。

2 用大号卷发棒将右侧的刘海儿呈内卷螺旋状烫卷，发卷高度与眼睛齐平。

3 取右侧的刘海儿，从头顶分出3缕头发，编发。

4 参照蜈蚣辫的编法进行编发。

5 编发时注意用力均匀，所取发量均等，编至耳朵上方即可。

6 从耳朵上方开始变为编三股辫，编至发尾，用皮筋扎好。

7 取左耳上方的鬓发，梳理整齐待用。

8 将取出的鬓发拧紧。

9 撩起后区左侧的头发，将拧转好的左侧鬓发从撩起头发的下方穿过。

10 将右侧编好的辫子从右耳上方开始水平向左拉。

11 将发尾固定在左耳上方。将横向透明水晶发饰固定在辫子的上方。

12 将发饰两端用发卡固定好。

Side

花骨朵丰富了花朵发饰，展现了新娘娇羞的气质。

Back

编发和发髻都有传统的味道，花朵发饰的加入打破了无趣感。

搭配新鲜花材的对称编发发型

低垂饱满的发髻搭配精致的花朵，浪漫而优雅；两侧编发汇集到发髻处，呈现出的甜美而恬静的气质惹人喜爱。

1 将头发分区，鬓发和刘海儿要单独分出来。

2 从头顶左侧开始编蜈蚣辫。

3 蜈蚣辫编至耳朵下方改为编三股辫，编至发尾并用小皮筋扎好。

4 头顶右侧的头发采用与左侧相同的手法处理。将后区的头发等分为两份，将左侧的头发再等分为两份。

5 将两股头发拧转成松散的两股辫。

6 拧转至发尾并扎好。用手指轻轻抽松发辫表面的头发，使头发看来自然蓬松。

7 将发辫盘成一个松散的发髻，将其固定在左下方。

8 后区右边的头发也采用相同的手法处理。注意两个发髻要连在一起，使它们看起来像一个整体。

9 将之前编的辫子拉至背后。

10 将两条辫子抽松，注意抽拉的力度应均衡。

11 将两条辫子从下方卷绕发髻根部，藏好发尾并用发卡固定。

12 将白色多瓣蔷薇花发饰插在发髻上方，将花苞插在蜈蚣辫里。

Side

从侧面看，精致的发丝线条和优美的颈部曲线使新娘显得端庄大气。

Back

左右对称的头发搭配抽散的发丝，并不会使发型显得死板。

搭配白花珍珠皇冠的垂直编发发型

高贵的皇冠搭配左右对称的发型，层次感强烈；将头发仔细地编成鱼骨辫，层层发辫纹理略带优雅。此款发型十分适合发量丰盈的新娘。

1 将头发中分，分界线可以不必太直。所有的头发提前用卷发棒外翻烫卷。

2 从头顶右侧一前一后取两束头发，梳理整齐。

3 将两束头发分别拧紧。

4 将两束头发交叉一次。

5 沿着发际线编两股加一辫。

6 编至后发际线处向左固定。左侧的头发采用与右侧相同的手法处理。

7 左侧头发固定处和右侧头发连在一起。

8 将余下的头发用手指梳通，再从左侧分出两缕头发。

9 将余下的头发从后发际线处开始编鱼骨辫。

10 每次取发要均匀，编发要前面较松，后面较紧，编至发尾即可。

11 用手指轻轻抽松鱼骨辫，注意抽松的发丝弧度要基本一致。发辫要上宽下窄。

12 戴上白花珍珠皇冠。

Side

精美的珍珠簪花发饰的
加入,提升了发型的欣赏性。

Back

简单大方的卷筒低发髻
给人一种高贵、复古的感觉。

搭配珍珠簪花的卷筒低髻发型

整个发型显得光洁顺滑,不容许一丝头发散落,充分展现出了新娘的端庄气质。
卷筒低发髻发型显得特别饱满,有利于修饰脖子。在额前左侧搭配一个小巧的珍珠
簪花,凸显出了新娘婉约的形象。

1 取头顶一片头发，打毛，使其蓬松。

2 将这一片头发放下，抚平表面毛糙的碎发，并用发卡在脑后固定，作为整个发型的中心点。

3 将除刘海儿以外散落的头发等分为3份，确保3份头发在做发型时互不干扰。

4 取中间的头发，梳理整齐后喷上定型产品，然后从发尾向上卷成筒状。

5 将卷好的头发固定在中心点位置。注意藏好发尾，发筒表面要干净。

6 将右侧的头发同样卷成筒状，右侧的发筒稍小于中间的发筒。

7 左侧的头发采用与右侧相同的手法处理。

8 若发量较多，则应该用多个发卡将发筒固定好，防止发筒散落。

9 将刘海向后梳理整齐。

10 用中号卷发棒将刘海儿烫卷。

11 将刘海儿在额前拱成一个发包并固定好。

12 选择珍珠簪花发饰，将其别在左侧额角处。

Side

浪漫的发丝缠绕，白花
摇曳，展现出一种独特的
韵味。

Back

环环相扣的秀发呈现出
精致的细节感，虽然没有太
多饰品，但是发型毫不逊色。

搭配花朵发饰的拧转发髻发型

鬓边的一缕发丝能够让新娘显得更加年轻、浪漫；白色小花发饰与头发自然融合，显得典雅大方；发髻上随意垂落的发丝增添了几分妩媚。

1 将刘海儿按2:8的发量比例分开。用尖尾梳从右侧挑取一小缕头发，使之垂下，将其余的头发梳理整齐。

2 从头顶取发片并打毛，可使头发蓬松，在做发型时使发量显得更多。

3 将这片头发表面梳理光滑后推成一个发包，并用发卡固定。

4 分开两侧的头发，将中间区域的头发连同发包的余发一起扎成一个低马尾。

5 用海绵发圈扎起发束，其作用是能够有效地使少量头发鼓起，起到增多发量的作用。

6 从马尾中分出一份头发，用分出的头发包住海绵发圈，卷成发筒并固定。

7 将马尾中的所有头发分成几份，分别包住海绵发圈，形成一个低发髻。

8 取左侧区域的头发，将其按顺时针方向拧转，注意力度不宜太大，拧转圈数要少。

9 将这股头发从上方绕至低发髻下方，藏好发尾并固定。

10 取右侧区域的头发，从右耳后位置以逆时针方向拧转。

11 将拧转的右侧头发横向向左搭在低发髻上，藏好发尾并固定。

12 戴上两朵白色小花发饰。

Side

低垂的发髻和散落的刘海儿，使高贵、冷艳的气质得到了完美的体现。

Back

白色山茶花发饰并不显得浮夸，反而显得优雅动人。

搭配山茶花发饰的旋涡状发型

简约旋涡状的发髻线条感极强，搭配白色山茶花发饰，使新娘显得高贵、典雅，垂落的叶片和花朵蕴含了丝丝浪漫情怀。

1 取刘海儿，用小号卷发棒从下到上、从里到外进行卷烫，发卷高度与脸颊齐平。

2 从脑后取一小股头发，紧贴头皮扎好。按顺时针方向拧转头发至发尾并扎好。

3 将这股头发卷绕在脑后并固定好，形成一个小发髻。沿中线将左右两侧的头发整理好。

4 将右边区域头发的表面梳理光滑，抚平碎发。

5 左手轻轻扶好小发髻，右手将梳理好的右侧发片从左侧绕过小发髻上方，包住底部，同时左手调整发片的位置。

6 将发尾卷绕在小发髻上并固定好，注意发尾的线条要流畅。

7 从左侧区域底层取一片头发，同样将表面梳理光滑。

8 将这片头发按顺时针方向绕过发髻，注意不宜太松，尽量拉直头发。

9 将这片头发绕发髻至发尾，藏好发尾并固定好，确保发髻的圆润感和头发的层次感。

10 将剩下的一片头发梳理整齐，注意这片头发的发量应较多。

11 将这片头发按逆时针方向从发髻底部向上绕，发片尽量遮盖住之前卷绕方向不一致的头发的发根。

12 固定好发尾。选择白色花朵发饰，将其别在发髻右侧。

Side

刘海儿卷绕向后收拢，
让优雅的感觉自然流露。

Back

轻盈扩散的网格短头纱
能取得良好的修饰效果。

搭配网格短头纱的蓬松发髻发型

　　发散状的头纱让新娘的脸形看起来更精致小巧，网格状的头纱更是将复古的韵味展现得淋漓尽致。纹理丰富的发髻在头纱中若隐若现，更显美观。

1 用大号卷发棒将全部头发从发梢开始向内烫卷。

2 用尖尾梳将烫卷的头发梳开。如果想要获得更蓬松的效果，则可以用手指代替尖尾梳。

3 分出左耳上方的鬓发，放至胸前待用。然后取头顶下方的一束头发并拧转。

4 将拧转的头发卷绕成松散的发髻，在脑后左下方固定好。

5 撩开头顶一片头发，取中部底层头发拧转，拧转力度不宜太重。

6 同样将拧转好的头发卷绕成发髻并固定好。

7 抽松中间发髻表面的发丝，使头发表面较为蓬松。从右侧取一片头发，按逆时针方向拧转，注意上部分应较松，拧转力度应较轻。

8 将右侧拧转的头发卷绕成发髻，抽散表面的发丝，将其连接第二个发髻并固定好，用手指轻轻整理造型。

9 取左侧待用的发束，分一半并将发尾卷成发卷，固定在第二个发髻上方。

10 将另一半头发按顺时针方向拧转后绕至脑后，遮掩在发髻间的空隙处并固定好。

11 喷上定型产品，保证秀发持久定型，不松散掉落。

12 戴上网格短头纱。

Side

紧实的编发没有造成拘谨感，反而通过流畅、优美的线条凸显了优雅、贵气。

Back

圆形发髻如怒放的花朵，华丽闪亮的皇冠与发型相得益彰。

搭配水晶皇冠的圆形发髻发型

略微侧歪的皇冠打破了严肃感，带来一丝慵懒、俏皮感。全部梳起的头发使新娘犹如宫廷里高贵的公主。由多条发辫盘成的侧发髻使新娘显得端庄而典雅。

1 用尖尾梳尾部从左向右撩取头顶的头发，将头发表面梳光滑。

2 用发卡将撩取的头发固定，再从余下的头发中取底层的头发。

3 将底层的头发编成三股辫。为避免上层头发影响编辫，可以用发卡将其固定在一侧。

4 将编好的三股辫盘绕在左下方，形成一个小发髻。

5 撩取中间一层头发，从左边取4缕头发，其中3缕均等且较粗，其余1缕发量较少。

6 将所取的头发向右编三股加一辫。

7 编发弧度紧贴第一个发髻，将头发编至颈后，开始编三股辫。

8 编发至发尾后，将发辫围绕小发髻卷绕，注意藏好发尾并用发卡固定好。

9 从顶层左边开始撩取头发，进行三加一编发，刘海儿前的碎发用发蜡抚平。

10 发辫左侧稍高于发包，将剩余的头发加入三股加一辫中，编至颈后开始编三股辫，一直编至发尾。

11 将发尾用皮筋扎好，将发辫沿顺时针方向盘绕发髻，藏好发尾，并用发卡固定。

12 在头顶佩戴水晶皇冠，喷上定型产品，发型完成。

Side

辫子的线条简洁、流畅，简单却不单调。改良的辫子独具特色。

Back

发尾卷曲方向一致，有透气感、充盈感，整体发型看起来奢华，极具设计感。

搭配眉心链的垂吊发尾发型

干净利落的头发线条充满了现代的设计感，既有熟女的妩媚，又不失少女的浪漫，眉心链让新娘以更优雅的姿态展现在人们面前。

1 用中号卷发棒烫卷所有头发，统一朝一侧烫卷，以保持头发纹理的一致性。

2 从左侧取底层的头发，将上层的头发卷绕并固定好，使之不影响发型制作。

3 将取出的底层头发编成三股辫。编发力度应较重，使发辫纹理清晰，编辫至发尾后扎好。

4 放下上层的头发，取头顶一片头发，在头顶推成一个发包后将其按顺时针方向拧转。

5 要拧转较长一段，以便选取固定点。在发包下方1 cm的位置固定。

6 从两侧各取一片头发，梳顺后向脑后方拉。

7 将两片头发合在一起并紧握，沿逆时针方向拧转，注意拧转力度应较重。

8 在拧转中心点下方约1 cm处用发卡将发束夹稳。

9 将剩下的头发拿起，打理好发尾。

10 将左侧编好的三股辫从余发上方稍低于第二个拧转中心点的位置绕过。

11 缠绕头发，将其作为发绳使用。将发尾藏好并用发卡固定。

12 戴上带有水滴形吊坠的眉心链，调整位置并固定好。

Side

两侧蓬松的发尾显得发量多且富有弹性，有很好的"瘦脸"效果。

Back

松散、卷翘的发丝结合浪漫的花朵、绿叶，让整个发型显得清新脱俗。

搭配花朵绿叶的中分披发发型

轻盈的发卷和唯美的鲜花夹带着梦幻、清新气息，卷发自然垂落，不必进行任何繁复的设计，用极简的造型即可让新娘显得飘逸感十足。

1 将刘海儿中分，如头发表面毛糙，则涂抹少许发蜡将其抚平。

2 从左侧开始，取头顶一束头发，将其等分为2份。

3 再将其各分为2份，编四股辫。相比三股辫，四股辫更精致。

4 向下编一段后，再逐渐朝脑后位置编发。

5 四股辫编好后用小皮筋扎好。轻轻抽松辫子表面的头发，使之更蓬松。右侧同样编四股辫。

6 取头顶的头发，用尖尾梳打毛，使发量看起来更丰盈。

7 将头顶表面的头发梳理光滑，拧转头发，使其在后脑勺处拱起一个发包。

8 将发包用发卡固定好，将固定发包的位置作为整个发型的中心点。

9 将左右两侧编好的发辫在脑后中心点下方交叉并固定好。

10 将粉紫色、粉色花朵沿着辫子插进头发里。使用真花的效果会更好。

11 将花朵依次排列好并固定，尽量使花朵排列有序，固定紧实。

12 将长条状绿叶穿过花朵，遮住发包中心点并固定好，发型完成。

Side

全部向后梳理的头发保持蓬松状态，能让头形显得更饱满。

Back

盘发的作用之一是撑起本来扁平的头纱，使其变得更立体。

搭配长头纱的优雅韩式盘发发型

将头纱装饰于简单的低发髻上，使其自然垂落，轻盈飘逸的长头纱让新娘曼妙的身姿若隐若现。富有层次感的头纱带来一种梦幻般的感觉，让饱满的盘发轻轻撑起头纱，发型整体的立体感更强。

1 用卷发棒将头发从头顶至发尾全部卷成大螺旋状，放置于背后。

2 从头顶抓取一片头发，用皮筋将其扎好。

3 将皮筋以下的头发分成3股，向下垂直编三股辫。

4 把三股辫向上卷起，在皮筋处卷成一个花苞形发髻。

5 以耳上方为界，把左右两侧的头发分别置于胸前。将背后剩余的头发分为两份，将左侧一份编成三股辫。

6 用手托着辫子向上提起，沿发髻周边缠绕并将发尾固定好。

7 用同样的手法将背后右侧的头发垂直向下编成三股辫。

8 将辫子提起，形成一个弧度，沿顺时针方向缠绕发髻并将发尾固定好。

9 将右侧胸前的头发分为两份之后交叉拧成股。

10 将拧成股的头发环绕于发髻上，用发卡固定好。

11 左侧胸前的头发采用与右侧相同的手法处理。

12 用手将发髻适当拉扯松散，使其呈现出自然蓬松的状态。

Side
斜斜的发髻设计会减弱盘发造型带来的成熟感。

Back
网格短头纱的搭配令整体造型别具一格。

搭配短头纱的简洁低发髻发型

低发髻搭配网格短头纱，将头纱装饰于头顶，以花朵发饰作为点缀，能更好地展现出新娘精致的五官和光洁的脖子，不会产生累赘感，简约清新而不失优雅。

1 在额前抓取一小股头发作为刘海儿，用尖尾梳梳顺。

2 用卷发棒将刘海儿发尾部分斜向内卷一圈。

3 将全部头发从头顶至发尾都烫成大螺旋状卷发，置于背后。

4 从左边鬓发处抓取一股头发，向后拧转成股。

5 在耳后拉取一缕头发，向上提起并固定，使耳朵周围的头发不散落。

6 用同样的手法将右边的头发拧转成股，拉到脑后，用黑色发卡固定。

7 将左右两边成股的头发集中到中间位置，用黑色发卡将其连接起来。

8 把剩下的头发拧转成一股。

9 将发尾向上提起，用手轻轻托住头发中间位置。

10 将发尾固定好，形成发髻。

11 在合适的位置戴上头纱，露出下面的发髻。

12 将一根带有花朵的发带从左边斜向固定在头纱上。

299

Side

两鬓散落的发丝让发型
显得更加灵动自然。

Back

大量采用加股辫手法的
花式编发让辫子的纹理看起
来更加清晰。

搭配皇冠的日系花式编发发型

大量采用加股辫手法的花式编发既精致又随意，清晰的辫子纹理无须再进行修饰，同样能呈现出独特的优雅风格。完美的发型搭配皇冠凸显了新娘高贵、典雅的气质，使新娘在婚礼中尽显女王范儿。

1 从头顶扎好的马尾中挑取一片头发，缠绕，把皮筋覆盖起来。

2 将头顶前面的头发梳成中分，再将左边的头发一分为二，抓取靠里位置的一份头发编三股加一辫。

3 以编三股加一辫的方式向后编发，抓取的头发应靠近头顶的位置。

4 将编发向后拉直，从扎好的马尾中挑取一缕头发，加入左边的编发中。

5 继续挑取马尾中的头发，编加股辫，挑取的发量与步骤4挑取的发量保持约等即可。

6 将马尾约一半的头发加股编完。

7 将剩下的头发继续分成三股，编三股辫。编辫时继续保持向内倾斜的角度。

8 用同样的手法将右半边的头发与中间的马尾加股编发。编辫时挑取头发的位置和发量应尽量与左侧保持一致。

9 将左右两侧的头发编三股加二辫，编至耳后，开始编三股辫。将中间剩余的头发梳顺。

10 把两边的辫子放在中间位置，用发卡从侧面将辫子和下层的头发固定起来。

11 把所有的辫子都固定好之后，在发尾处用皮筋扎好。

12 将发尾向内卷，用发卡从里面固定好。

Side

皇冠使新娘造型的气场
更强了。

Back

同时采用了几种造型手
法的发型显得层次非常丰富，
适合长头发的新娘。

搭配皇冠的韩系花式编发发型

松散的韩系编发带着一丝慵懒感和性感，保留两缕卷曲的发丝于脸颊两侧，彰
显十足的女人味儿。皇冠的佩戴丰富了整体造型，成为亮眼的点缀。

1 取头顶的一份头发，用手指将头发分成发量约等的4份，保持头顶的头发平整。

2 将分出的头发编成四股辫。编发时尽量使头发保持比较松的状态。

3 编到第4~5节的时候，抓取右边的一份头发加入编发中，抓取的发量可略多。

4 往下继续编发，在头部左侧抓取同上一步骤约等发量的头发。

5 再编到第3~4节时，将左侧抓取的头发加入编发中。

6 以垂直的方向继续编辫，松紧度尽量保持与之前编辫时一致。

7 继续向下编1~2节，从右边抓取头发，加入编发里。

8 继续向下编2~3节，从左边抓取头发，加股继续编发。

9 把头发编到发尾后，用手将加股部分的头发稍微向外拉扯，以增强发辫的层次感。

10 用皮筋将编好的头发在发尾处固定好。

11 把发尾向内卷，用发卡从里面将其固定。

12 在头顶处戴上带有钻石的皇冠，用发卡将皇冠两端固定在头发上。

Side

　　鱼骨辫比三股辫更精致，轻轻抽松发丝，可营造蓬松的质感。

Back

　　让发辫搭落在一侧肩上，会让新娘显得无比温柔。

婉约端庄侧编发

　　普通的三股辫容易显得"老气"又过时，不适合单独出现在新娘发型中。可以将新娘的头发全部集中到一侧，编一条纹理细腻的鱼骨辫，并将发辫轻轻拉松，营造蓬松的质感，可充分展现新娘婉约端庄的气质。

1 用卷发棒卷烫头发，令发丝不再扁塌、平贴。

2 用手将头顶和太阳穴两侧的头发分出来。

3 将头顶的头发按顺时针方向拧转后推高，形成发包并用发卡固定。

4 将两侧的头发用发卡固定在中间的发包上。

5 将粉色和米色的花朵发饰用发卡固定在左耳上方。

6 将固定后头发的发尾等分成3份，编成三股辫。

7 将编好的三股辫向上拧转成一个小发髻。

8 用多个发卡将发髻固定住，并隐藏发梢。

9 在发髻中间加一个白色的花朵发饰作为点缀。

10 将所有剩余的头发放在右侧胸前，等分成4份。

11 将头发编成鱼骨辫，用与头发颜色相近的皮筋绑住发辫末梢。

12 将一个小束花朵发饰固定在皮筋的位置。

Side

搭配精致的珍珠发箍，发型变得更加甜美。

Back

简洁的丸子头发型特别适合渴望打造清新感发型的新娘。

清新简洁丸子头发型

　　饱满的丸子头发型作为新娘发型，还须搭配一些形状特殊的发饰，以强化风格。此款发型可以轻松产生"减龄"效果，还能将新娘光洁的颈部线条展现出来。

1 依次取少量头发，平拿卷发棒，以外卷的方式从发尾卷至三分之一处，烫卷停留8~10 s。

2 在前区留出适量的头发，将其余的头发分为上下两部分并分别扎成马尾。将下方的马尾从左侧向右绕过上方马尾并用发卡固定。

3 将上面的马尾平分成2份，下方的马尾平分成3份，将每份头发区分好。

4 取马尾中右侧的一份头发，以顺时针方向且用适中的力度将头发拧成一股，注意不要让头发变松散。

5 以内扣的手法将发辫处理成发髻，适量留出发尾部分，用发卡将其固定在马尾的根部。

6 将马尾中剩余的头发依次采用同样的手法处理。

7 将卷好的头发稍作调整并用发卡固定，注意隐藏发卡。

8 将头顶的头发按逆时针方向拧转成一股。

9 将剩余的发尾卷成环形并用发卡固定在发髻上。

10 将左侧的鬓发拧转后提拉至发髻中间，并固定。右侧的鬓发采用同样的手法处理。

11 在发际线靠后的位置戴上珍珠发箍。

12 用尖尾梳挑高头顶的头发，使其呈现出饱满的弧度。

Side

用新鲜花材替代华丽的发饰装饰于头发一侧，更容易形成森系风格。

Back

上方 3 个相似的发髻将头部修饰得更饱满。

甜美感梦幻森系盘发

大量的三股辫结合而成的盘发造型，以精致的纹理体现出丝丝浪漫。使新鲜的花材保持细长的状态，将其装饰在头发上，可打造出充满甜美感觉的森系盘发。

1 将头发梳理整齐，用卷发棒将头发烫卷。

2 从头部左侧选取一片头发，分为3份，编三股辫。

3 将发辫一直编到发尾，然后用皮筋束住。

4 将编好的发辫盘成发髻，将发尾藏在头发里，用发卡固定。

5 在成型的发髻旁边挑取一片头发，继续编三股辫。

6 将发辫盘成一个发髻，用发卡固定在上一个发髻旁。

7 从头部右边挑取一片头发，继续编三股辫。

8 将编好的发辫向上绕成一个环形发圈。

9 将环形发圈固定在头顶右侧。

10 将剩余的头发继续编成三股辫，将编好的发辫向上绕成一个环形发圈。

11 将环形发圈盘成一个发髻，用发卡固定。

12 将清新的树叶头饰别在上下发髻的空隙处。

Side

发饰既修饰了脸形，又丰富了造型。

Back

不遗留任何一根多余发丝的发型，其目的是凸显精致感。

精致高贵气质低发卷

低低盘起的发卷是韩系风格的盘发造型，其最大的特点就是优雅而不失女人味儿。保持伏贴而向后翻卷的刘海儿，令发型显得更蓬松，体现出新娘精致、高贵的气质。

1 用卷发棒垂直夹取刘海儿的发尾，向外翻卷 1~2 圈。

2 将卷发棒倾斜，分片夹取剩余头发的发尾，向内翻卷至发中。

3 将侧面的鬓发拧转一圈后形成一个弧度，用发卡固定。

4 左耳上方的头发用同样的方法拧转出弧度后，用发卡固定。

5 将头顶的头发向上提拉，用尖尾梳稍稍打毛内侧的头发，然后拧转并固定。右侧鬓发用同样的手法处理。

6 将左手大拇指垫在头发下，将右侧的鬓发向左拉并固定在脑后。

7 将左手的食指垫在头发下，用发卡将左侧的鬓发也固定在脑后。

8 将下方的头发分成分量相等的 3 份，用手整理整齐。

9 将 3 束头发的发尾分别用皮筋收成圆润的形状，以便于盘发。

10 将 3 束头发由发尾开始分别向上翻卷至头发根部，形成发卷，用发卡固定。

11 将左侧的刘海儿也拉到脑后，在发卷上卷成环形并用发卡固定。

12 将白色的发饰用发卡固定在右侧发际线处，遮住发际线。

Side

具有层次感的刘海儿向
外翻卷,使造型更具线条感。

Back

长条状的盘发以清晰的
纹理强调了发型的存在感。

搭配蝴蝶结的欧式复古风发型

　　一款极具欧式复古味道的新娘盘发发型,尤其适合发量丰盈的新娘。将长条状
的发髻垂落在脑后,精致的发髻纹理显示出新娘的温婉、浪漫。蝴蝶结让头顶的发
型显得不再单调。

1 用卷发棒夹住刘海儿的发尾，向外翻卷至刘海儿根部。

2 将带蝴蝶结的发带系在发际线靠后的位置，留出刘海儿。

3 抽取左耳附近的一缕头发，将其分成两份。

4 将两股头发拧转成一股发辫，用发卡固定在脑后。

5 右侧的头发采用相同的手法处理，用发卡将其与左侧的发辫固定在一起。

6 从左侧取发，将其按顺时针方向拧转2~3圈，用发卡固定在脑后中间位置。

7 右侧的头发采用相同的手法处理，调整发辫交叉点的位置，并用发卡固定好。

8 尽量用发卡夹取发辫内侧的头发，隐藏好发卡。

9 将剩下的头发合到一处，开始编发。

10 用右手大拇指按住发辫，开始加入左侧的头发编辫。

11 将头发编成鱼骨辫，编至发尾。

12 以发辫的中间为界，将发辫的下部向内收在上部发辫之下，用发卡固定。

Side

头顶的双层珍珠发饰让发型不再显得单调、无趣。

Back

将珍珠发带沿着发卷的纹理进行缠绕，使发卷的形状充分凸显。

搭配珍珠发带的复古高贵风发型

光洁的三重发卷搭配珍珠发带形成发型的亮点，展现出新娘的知性美。包括刘海儿在内的细节处理得一丝不苟，整体发型呈现出整洁而略带复古感的风格，适合具有成熟气质的新娘。

1 用直板夹分片夹头发，由上往下慢慢滑动。将所有头发拉直。

2 将头发分为上下两部分，用接近发色的皮筋将上部分头发扎成一条马尾。

3 挑出马尾上部分的头发，用皮筋绑住发尾。

4 将绑好的发尾向上卷，用发卡将卷好的发筒固定在马尾根部。

5 用尖尾梳仔细将马尾的分界线整理平整。

6 用与发色接近的皮筋绑住马尾的发尾。

7 将马尾下部分的头发向下向内翻卷成与上方大小相同的发卷。

8 在发卷的内侧用发卡固定。

9 将剩余的头发用皮筋扎成一条低马尾。

10 用尖尾梳将低马尾梳顺。

11 将马尾向上卷成发卷，用接近发色的发卡固定好发卷。

12 戴上珍珠发带。